文化理念在室内设计中的应用研究

曹余露 著

远方出版社

图书在版编目（CIP）数据

文化理念在室内设计中的应用研究 / 曹余露著．--
呼和浩特 ：远方出版社，2023.12
ISBN 978-7-5555-1942-3

Ⅰ．①文… Ⅱ．①曹… Ⅲ．①室内装饰设计－研究
Ⅳ．① TU238.2

中国国家版本馆 CIP 数据核字（2023）第 254873 号

文化理念在室内设计中的应用研究
WENHUA LINIAN ZAI SHINEI SHEJI ZHONG DE YINGYONG YANJIU

著　　者	曹余露	
责任编辑	蔺　洁	
出版发行	远方出版社	
社　　址	呼和浩特市乌兰察布东路 666 号　邮编 010010	
电　　话	（0471）2236473 总编室　　2236460 发行部	
经　　销	新华书店	
印　　刷	三河市华晨印务有限公司	
开　　本	170mm×240mm　1/16	
字　　数	235 千	
印　　张	15.375	
版　　次	2023 年 12 月第 1 版	
印　　次	2024 年 6 月第 1 次印刷	
标准书号	ISBN 978-7-5555-1942-3	
定　　价	89.00 元	

如发现印装质量问题，请与出版社联系调换

前　言

　　中国传统文化丰富而深厚，蕴藏着人类的智慧。在科技发展日新月异的今天，传统文化依然深刻地影响着人们的生活，这体现在生活的方方面面，如室内设计。

　　室内设计是社会文化的有机组成部分，从横向维度看，无论何种风格的设计，都有其特定的精神和文化心理结构，是在一定的文化语境中展开和完成的，因而反映着不同的价值和审美观念，体现了当时的文化风貌。从纵向维度看，任何时代的室内空间设计都是与当时的生产力和文化紧密联系在一起的。

　　本书首先介绍了传统文化及其在室内设计中应用的研究，随后又从不同的角度研究了传统文化在室内设计中的应用，如漆画文化、木文化、雕花纹样、装饰陶瓷、编织文化等，并在最后对传统文化在室内设计中的应用进行了展望，为读者在室内设计专业技能的培养和知识框架体系的构建提供相应的理论支持和学习指导。

　　由于作者水平有限，书中难免有疏漏之处，恳请广大读者批评指正。

目 录

第一章 传统文化与室内设计

第一节 传统文化与室内设计概述

一、传统文化的内涵

"传统"这一概念是由汉字"传"和"统"组成的。"传"的含义包括传承和传递，而"统"则表示事物的持续状态，即贯穿始终的意思。根据《现代汉语词典》，传统可以解释为从历史上延续至今的思想、文化、道德、风尚、艺术、制度以及行为方式等。作为历史文化遗产的传承，其中最稳定的因素被固化，并在社会生活的各个领域展现出来，例如文化传统等。

传统是由各个历史时期特定的自然地理环境、经济形态、政治结构和意识形态等综合因素共同作用而自然形成的。这些传统随着时间的推移逐渐积累，世代相传，并在当代社会和生活方式中产生巨大影响。传

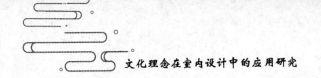

统在人们的日常生活中扮演着重要角色，并在社会生活的各个方面得以体现。

传统是一种历史积淀，它传承着先辈的智慧和经验。当代社会在继承和发扬这些传统的同时，也需要不断创新和发展，以适应时代的变化。传统并非一成不变的，而是在历史长河中不断演变、发展的。我们应该尊重和传承中华优秀传统文化，使其能够更好地融入现代社会。

从以上分析可以看出，传统文化是在一个国家中不断传承的，反映该国家精神面貌和精神风貌的文化形态。传统文化既包括有形的物质文化，也涵盖了无形的精神文化。这些文化成分包括人们的伦理观念、价值观念、心理特质等。世界上的每个民族都有自己独特的传统文化。

鹿朴在《传统文化与文化传统》一文中指出："传统文化的全称大概是传统的文化（Traditional culture），落脚在文化，对应于当代文化和外来文化而言。其内容当为历代存在过的种种物质的、制度的和精神的文化实体和文化意识。例如民族服饰、生活习俗、古典诗文、忠孝观念之类，也就是通常所谓的文化遗产。"

从广义上讲，中国传统文化是指在数千年的历史中传承下来的，至今仍具有相对稳定性的文化形态，它体现了中华民族的整体特质和风貌。这一概念包括了在中华民族发展过程中产生的所有物质和精神成果。而从狭义上看，中国传统文化主要指在中华民族历史发展过程中产生、传承并发挥作用的精神共性、心理状态、思维方式和价值取向等精神成果。也就是说，它主要包括中华民族的传统观念、心态、习俗等各方面内容。在本书中，笔者所讨论的中国传统文化特指狭义上的概念。

中国传统文化的核心内涵表现在基本精神的四个方面。

（一）自强不息的人生态度

自强不息的人生态度蕴含着不屈不挠、勤奋向上的精神品质，是中华民族几千年文明发展中积累的宝贵精神财富。

在儒家文化中，强调"修身齐家治国平天下"的道德观念，认为个人应先修养自己的品德，再去影响家庭、国家和世界。这种追求自我完善、努力提升自己的精神，正是自强不息的具体体现。通过不断的学习、实践和反思，个体在品德修养方面力求卓越，形成良好的道德风尚。

古人常说学无止境，这意味着在求知的过程中，应始终保持谦虚谨慎的态度，不断地拓展知识领域，提高自己的能力。这种精神在诸子百家的思想中都有所体现，如儒家的"温故知新"，道家的"学而不厌"，都倡导人们在学习上勤奋刻苦，不断地提升自我。

在中华优秀传统文化中，许多故事和典故都反映出这种精神，如愚公移山、精卫填海等。这些故事教育人们，在遇到困难和挑战时，要坚定信念、勇往直前，用自强不息的毅力和信念战胜一切困难，最终实现目标。

传统文化强调家国情怀，倡导个人在追求自身发展的同时，也要关注国家和民族的兴衰。孟子曾说："得志则尽力养民，失志则勉力自养。"这表明，在任何境遇下，个体都应该积极履行社会责任，为国家、社会作出贡献。

（二）崇德重义的高尚情操

道德品质、家国情怀、社会责任以及人与自然和谐相处等多个方面，是中华民族几千年文明发展中所积累的宝贵精神财富。

在道德品质方面，崇德重义的高尚情操强调诚信、孝顺、忠诚、仁爱等美德。诚信是社会交往的基石，强调言行一致、实事求是。孝顺则体现了对父母长辈的敬重和关爱，是中国传统伦理道德的基础。忠诚则是对国家、组织和领导的忠实拥护。仁爱则体现为对他人的关爱和尊重，寓于日常生活中的各种行为举止。

在家国情怀方面，崇德重义的高尚情操强调个人应该关心国家和民族的兴衰，为国家和民族的繁荣发展贡献自己的力量。这种家国情怀在诸子百家的思想中都有所体现，如儒家的"忧国忧民"，道家的"为政以德"，都倡导个人在追求自身发展的同时，关注国家和民族的命运。

在社会责任方面，崇德重义的高尚情操要求个人在自我修炼的基础上，为社会作出贡献。这种精神体现在众多古代文人墨客的行为举止上，如屈原的"背水一战"，林则徐的"禁烟"行动等。这些人物用实际行动践行了崇德重义的高尚情操，成为后人学习的楷模。

在人与自然和谐相处方面，中华传统文化主张天人合一，提倡人与自然和谐共生。这种观念在诗歌、书画等艺术形式中得到了充分体现，如《桃花源记》《江南春》等作品，都表现了人们对自然的敬畏和珍惜。

（三）尚和持中的价值取向

尚和持中的价值取向主张遵循中庸之道，追求和谐共生，是中华民族几千年文明发展中所积累的宝贵智慧。

在个人品行方面，尚和持中的价值取向强调个体应遵循中庸之道，以谦虚、宽容、平衡为原则，处理好与自己、他人和社会的关系。这种价值取向在儒家、道家等诸子百家的思想中都有所体现。例如，儒家主张"中庸"，强调个人在做事、处世上要适度，不偏不倚；道家则主张"无为而治"，倡导顺应自然，不激进争抢。这些思想为个体提供了处理生活琐事和人际关系的智慧。

在家庭伦理方面，尚和持中的价值取向强调家庭成员之间应该和睦相处，尊重和理解彼此。在传统文化中，家庭是社会的基本单位，家庭和睦是社会和谐的重要基石。因此，传统文化鼓励家庭成员在相互关爱、扶持的基础上，遵循孝悌忠信等伦理原则，保持家庭和谐。

在社会治理方面，尚和持中的价值取向主张和谐共生，强调国家应当以民为本，实现国家和民族的和谐发展。这一思想在儒家的"仁政"、道家的"德治"等观念中都有所体现。古代的圣贤们主张，国家治理应当以民生为重，实现国家与民族的共同繁荣。

在人与自然的关系方面，尚和持中的价值取向强调人与自然和谐共生，主张顺应自然、珍惜资源。在中华传统文化中，认为人应该敬畏自然，遵循自然规律，以达到天人合一的境界。这种观念在道家的"道法自然"等诸多思想中得到了体现。

（四）求真务实的实干作风

中国传统文化中的三大思想流派包括儒家、道家和佛家。道家与佛家主要关注精神层面的探求，而儒家思想则以其实用性和实践性为显著特点。儒家倡导人们保持积极参与社会的态度，关心社会发展，投身于各种社会活动，强调实干，通过自己的努力推动或改变事物的发展。

在历代王朝的尊崇下，儒家思想始终保持着主流地位，这种实干精神也因此得到了重视并广泛推广。这促使中国人形成了脚踏实地、吃苦耐劳的品质。无论在何时何地，中国人往往具备实干的精神。这与中国长期的农耕社会背景密切相关。在农业生产中，付出与收获成正比，这是一种简单而朴素的"不劳无获"的原则。作为当时的知识分子，虽然他们并不直接参与劳动生产，但仍关注民生大计，致力于解决国家和社会的实际问题。这表明，儒家思想强调实干、实用和实践，无论对于广大劳动人民还是知识分子，都具有深远的指导意义。这种实干精神，使得中国人在不同时代、不同地点都能发挥积极作用，为国家和民族的发展贡献力量。

中国传统文化在世界民族文化中的延续性确实独一无二，其延续性并非僵化地保持传统，而是在传统的基础上不断创新和发展。在中国传统文化的演进过程中，不同时代的思想家和哲人在传统的基础上进行了许多创新。

这些创新成果往往是以传统为根基的，而且每一次创新形成的思想文化成果都经过实践和时间的检验，成为传统的新组成部分。因此，中国传统文化在自我创新中的发展突破规律为人们今天研究传统文化的现代价值和意义提供了方法论的启示。

人们可以从这种自我创新和发展的过程中汲取智慧，以传统为基础，结合现代社会的需求和特点，对传统文化进行创新性的传承和发展。这样，传统文化不仅能保持其独特的魅力和价值，还能为现代社会带来新的活力和启示。通过挖掘中华优秀传统文化中的智慧，可以更好地理解现代社会的问题，寻找解决问题的方法，从而使传统文化在当代社会继续发挥其独特的作用。

二、室内设计的定义

室内设计是指设计师根据建筑物的使用性质、所处环境和相应标准，运用物质技术手段和建筑美学原理，创造功能合理、舒适优美、满足人们物质和精神生活需要的室内环境。这一空间环境既具有使用价值，满足人们的功能需求，也反映了历史文脉、建筑风格、环境气氛等精神因素。

上述含义中，明确地把"创造满足人们物质和精神生活需要的室内环境"作为室内设计的目的，即以人为本，一切围绕为人的生活生产活动创造美好的室内环境。

在室内设计中，从整体上把握设计对象的依据因素如下：

（1）使用性质——设计建筑物和室内空间是为了实现什么功能。

（2）所在场所——这一建筑物和室内空间的周围环境状况。

（3）经济投入——相应工程项目的总投资和单方造价标准的控制。

设计构思时，需要运用物质技术手段，即各类装饰材料和设施设备等；还需要遵循建筑美学原理，这是因为室内设计的艺术性，除了有与绘画、雕塑等艺术之间共同的美学法则，作为"建筑美学"，更需要综合考虑使用功能、结构施工、材料设备、造价标准等多种因素。建筑美学总是和实用、技术、经济等因素联结在一起，这是它有别于绘画、雕塑等纯艺术的差异所在。

现代室内设计既有较高的艺术性要求，又有较高的技术含量，并且与一些新兴学科，如人体工程学、环境心理学、环境物理学等关系极为密切。现代室内设计已经在环境设计中发展为独立的新兴学科。对室内设计含义的理解以及它与建筑设计的关系，许多学者都有不少具有深刻见解、值得人们仔细思考和借鉴的观点。

三、室内设计的内容与特点

"室内"，就是指建筑物的内部，或是建筑物的内部空间，而"室内设计"即对建筑物内部空间的设计。室内设计作为一门综合性很强的学科和专业，其概念和定义从 20 世纪 60 年代初开始在世界范围内逐步形成。

室内设计必须同时满足使用者在物质使用功能和精神享受两方面的需求。室内设计的首要任务是满足使用者在使用功能方面的需求。了解设计空间的使用功能，为使用者设计一个具有良好使用功能的空间，是室内设计的第一原则。当然，室内设计仅仅具备物质功能是不够的，它还需要通过一定的表现形式来满足使用者的审美要求，即需要体现出室内设计的心理功能。这种审美需求往往包括两个方面：一方面按照美学规律创造一种与空间的使用功能相适应的心理气氛，以满足或提高使用者的审美情趣；另一方面根据使用者的文化背景特征和地域特征等因素创造一个能够体现使用者文化素养的室内环境。

第二节　传统文化在室内设计中的运用与研究

一、传统文化在室内设计中的应用

建筑是由人类创造的存在于特定的时间与空间中，有固定的环境和场所的物质文化成品。它不仅将科学技术与建筑艺术融于一体，还蕴含人们丰富的思想意识、行为规范、价值观念与审美情趣等。所以，人们把它称为"石头的史书"和"世界的年鉴"。既然它是一种文化，就具有时代性和民族性。建筑作为一种文化也不例外，其浅层的物质文化更

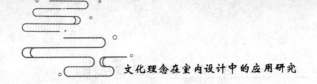

具有时代性特征，是最活跃的、发展较快的因素。深层的精神文化更具有民族性特征，相对稳定、变化较慢，是赋予建筑作品内在气质的重要因素。

（一）传统造型与装饰出现在现代建筑中深层次的原因

中国古代建筑装饰是在悠久的历史长河中不断发展而形成的一种传统文化。建筑装饰也随着建筑类型的增加、建筑结构的变化、建筑材料的丰富以及民族文化的发展而呈现出多样化的发展趋势。

虽然现代装修及装饰材料给传统装饰带来了巨大冲击，但是带有传统特色的造型和装饰的现代建筑比比皆是。这是因为建筑不仅要满足人们的物质生活，还要满足人们的精神需要和审美需求。建筑作为人类精神和物质生活的集中体现，是人类思想情感、生活方式等多种因素的载体，具有一种如丝如缕的传承与血缘关系。这就是人们所说的"文化地域性"，即一个民族的历史文化背景以及所属地区的地域特征等。它是在群体或个体以及在建筑方面的综合反映。

文化地域性由内因文化和外因文化两方面构成。内因文化是指一种文化长期以来形成的最为本质的东西，它是古老的、发育完全的、自根生的文化。就像中国传统建筑的造型和装饰风格因地理位置不同而与北欧风格、南美风格、西班牙风格的显著差别。内因文化是在人们心中埋藏的一种特有的民族情结，是一种永恒的血脉。而外因文化是一种新形成的文化，或者是对外来文化的吸收和包容。它是年轻的、发育尚不完全的、非自根生的文化。内因文化具有十分强大的持续能力。当人们超越某个地区建筑的表象去追寻隐藏在其背后的根源所在时，你会发现其本质的东西是一脉相承的。这就是各个民族至今仍能保持各自特有的建筑风格，而不至于全世界大一统的原因所在。当然地域文化也会随着历史的发展和人类的进步而不断前进。其发展有两条道路：

第一，靠"内因"的裂变或聚变产生的巨大能量推动自身发展。它与自生文化的关系也是一致的、和谐的。这就是随时间发展而不断进步的传统装饰。

第二，"外因"的影响。外因可能刚开始是生硬的、被动的、无序的。但是它以长期对内核文化碰撞、交融、渗透、刺激等方式推动内因发生相应的转化。

这两条途径通常是同时存在，共同推动人类发展、进步的。正如现代许多建筑设计师所提倡的，要接纳人类所共同拥有的现代文明之精华，并将其融入自身的内因文化之中。他们已经开始进行尝试和探索，当然其中不乏成功与失败的例子，但只要肯去努力和尝试，成功是指日可待的。

（二）现代建筑中传统建筑装饰的应用分类

在我国现代建筑中，传统建筑装饰的应用大体分为两种情况。

1. 整体的应用

现代出现了一批完全或基本上仿古的新建筑，自然应用了各部分传统的装饰。例如，上海城隍庙几乎将雀替、挂落、花牙子、栏杆、垂花柱头等所有的传统装饰运用其中，将传统的南方阁楼打扮得华丽生辉，在灯光的照射下更加增添了商业街所需的繁华与热闹。

2. 局部的应用

这种形式表现得更为广泛，体现了传统建筑的精髓。在现代建筑中，为了充分体现民族性，往往在屋顶局部用一个曲面小屋，或在屋顶四周出檐做成传统的起翘式样。例如，北京图书馆采取若干座歇山式和尖式屋顶相结合的方式，但没有完全采用旧式的形式，在这里屋面是平的，屋脊是直的，只有在四周角上做成折线的起翘，十分现代又不失传统。

（1）屋身墙面与门窗

在中国古建筑中，除了左右山墙，屋身大多是隔扇门或者栏窗，屋身几乎没有墙，但这种形式很少被应用于新建筑。在不少新建筑中发现并采用了传统建筑中局部的构件来装饰墙面。有的在门窗上方挑出墙面的檐口和四周的边框，还有的新建筑将马头墙作为一种民族特色的标志。

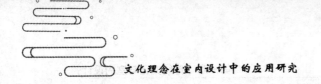

例如，安徽黄山云谷寺宾馆。建筑师紧紧地抓住了马头墙的特点，并突出体现了这一特征，大片的白墙采用了跌落的山墙头和青瓦两面坡的墙以及山墙的下端用疏密相间的直线、曲线过渡到下面。从以上这些均可以看出建筑师的良苦用心，不仅将传统形式运用其中，而且加以整合提高，使建筑更加优美细致。这座建筑无论在整体上还是局部上，都将浓郁的传统气息展现得淋漓尽致。

（2）隔断

这种空间处理手段是在现代建筑中经常使用的手法，特别是在办公室、医院、宾馆、图书馆等一些公共建筑的前厅部分。因此，古建筑中使用的隔扇、罩、屏风在这些地方都大有用武之地。其中，使用最多的当数传统的隔扇。它们有的仍沿用传统的形式，有的把旧的形式加以改变。它取消绦板，上面配以花色玻璃，下面采用实心裙板，作为一面使内外隔而不断的空间隔墙。古有空罩、落地罩、花罩等多种式样，但它们都具有流动空间的共同特点，所以传统的罩几乎可以不加任何改动就运用到现代空间中，正如象征吉祥喜庆的雕刻装饰不需变动就可以使用。

（3）梁柱与天花

在一些新建筑中除了少数拱形壳体，梁柱的形式仍然不可或缺，在跨度很大的空间，立柱也是不可缺少的。所以，可以发现一些重要建筑物的室内设计，为了凸显其豪华富丽的民族特色，都采用了传统的雕刻手法。例如，北京北海御膳楼的餐厅立柱，有些在浅绿色的底子上绘出金色的花卉枝叶，展现更加光彩夺目的装饰效果；有些立柱甚至采用了太和殿中的金龙盘柱，目的是达到一种令人震撼的视觉效果。天花这种传统装饰方式给现代建筑提供了丰富的参考资料。有的完全采用传统的图案，有的在保持传统的同时将其简化加入新的元素，打破了老彩画的固定格式，重新设计构图。古建筑的天花和藻井根据室内整体效果展现出或繁或简、或浓或淡、丰富多样的不同形式，既具时代性又具民族性。屏风可以说是室内的一种可以自由移动的隔墙，它在现代设计中运用得十分广泛。有时它被视为一件大型装饰品，而其实际作用退居其次了。

（4）色彩的运用

色彩在古建装饰中占有十分重要的地位。它既能打造宫殿的鲜艳浓烈环境，又能体现江南园林淡雅朴素的意境。这种传统的色彩配置方式在现代创作中的用处颇多。宫殿多用冷、暖对比，并用金色凸显豪华气派，如前面所提到的北京饭店，因为使用了红、绿、金、黄等传统色彩，为现代化大厅增添了几分民族的传统风韵。但传统经验和现代创作的实践都表明使用金色要坚持华而不艳、丽而不俗这一基本原则。这种分寸要严格把握。虽说不必"惜金如命"，但也绝对不可滥加使用。江南园林淡雅的色彩更符合现代文化气息，如安徽云谷寺宾馆以及苏州干将路旁的现代建筑基本上都是采用高雅的黑、白、灰色彩，文韵溢于言表。这样的色彩处理，使人们虽然生活在现代社会，但在视觉感受上仍能体会到强烈的传统气息。可以说这些都是将传统色应用于新建筑的成功例证。

（5）符号

在现代建筑中偶尔会看到一些传统的构件被作为一种专门的装饰品。这些构件与新建筑并不存在必然的联系，可以说只是将其作为一种民族符号用在需要的地方。例如，垂花门、门钉、铺首等。实践表明，传统的建筑装饰在现代建筑中仍能充分发挥原有的作用。传统装饰也只有在不断利用中才能得到更新和发展，才能获得经久不衰的生命力。中国传统建筑装饰的确丰富多彩，它们为建筑增加了极强的艺术表现力，有着十分浓厚的民族特性。如今人们提出了"民族风格、地方特色、时代精神"的创作思路。"古为今用"既依托传统又超越传统，形成一个将传统与现代有机结合的新整体，形成一种具有中国特色的现代建筑文化。著名设计师贝津铭先生曾十分诚恳地提出来"我希望我能尽我的微薄之力报答生育我的那种文化。我认为形成一种崭新的中国本土建筑风格是唯一手段，也是中国建筑复兴的开端"。他主持设计的北京香山饭店就是

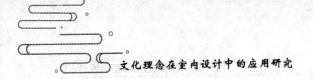

将中国传统建筑风格融入现代建筑中。"层次感强，园林式的黑、白、灰色彩凝聚着中国历史，弥漫着浪漫主题，像天然去雕饰的少女一样。"寻求传统的现代价值成为人们进行不懈创作的永恒话题，同样具有中国特色的现代建筑和室内设计方法也是人们孜孜不倦的追求，这将是人们走出困境的必由之路。

二、汉字装饰在现代建筑装饰中的运用

作为中国传统文化的重要组成部分，汉字是传统文化的基本载体和最具特点的符号形式，如果能更好地与现代建筑装饰加以融合，将创造出具有民族个性的建筑空间。

与室内空间不同，中国现代建筑整体造型受到西方现代主义思潮的影响，无论是体量还是立面造型处理手法都与传统建筑存在天壤之别。这些改变对汉字装饰在建筑立面上的运用也产生了一定的影响。某些公共建筑的立面上以书法篆刻的形式将名人的题字展现出来，就字体本身而言，书法具有较高的审美情趣和艺术价值，但是当它被放大若干倍而直接展现在建筑立面上时，书法体现出来的行云流水、气韵生动与现代建筑所追求的体量感和简洁硬朗的风格便产生了矛盾，反而造成两者本身的艺术价值都大幅降低。而且，现代建筑通常追求表现一种抽象的意味，希望观察者通过亲身体验加以感知，而书法作品的表意性太强，通常以传达出具体意思的方式来强化空间主题，这也会造成与现代建筑的本意相偏离。如果把运用在建筑立面上的汉字装饰进行合理的变形，强化汉字装饰的符号性，使其更具有现代感，将会更好地与现代建筑融合在一起，也能创造出极富个性的建筑形象。现代建筑中的店招或者建筑名称就可以通过这种方式来增加建筑立面的个性化。

虽然现代建筑的立面上很少采用汉字装饰，但是现代建筑室内的汉字装饰手法和工艺有了较大的发展。与传统手法相比，装饰手法和形式上都有了较大改观，创造出不计其数富有个性的室内空间。

一是装饰材料的多样化。随着现代工业的高速发展，许多新型材料不断涌现出来。传统的室内汉字装饰材料以木和纸为主，而现代室内的汉字装饰材料种类繁多，如玻璃锈蚀汉字装饰、金属汉字装饰、陶瓷汉字装饰等。镶嵌在北京故宫隔扇夹纱上的臣工字画凸显了室内空间的高贵文雅；而现代室内的玻璃锈蚀汉字装饰与灯光技术结合在一起，除了创造高雅的室内环境，还给人带来空灵缥缈、轻巧的体验。

二是室内汉字装饰位置的变化。传统的汉字室内装饰都是以对联和匾额的形式出现，给人带来正面的、庄重的视觉效果，而现代室内汉字装饰可以存在于天花、立面，甚至是地面等不同位置，从而产生诸如活泼、变化、跳跃等丰富的室内情感。

三、传统图案在现代室内设计中的运用

传统图案在室内设计中的应用范围十分广泛，无论是在空间形象设计、室内装修设计，还是在室内陈设设计方面，都有大加展示的空间。传统图案在室内设计中可以通过对围合界面的装饰处理，选择具有传统图案装饰的室内陈设品表现出来。围合界面即墙面、地面和天花，包括分隔空间的实体和半实体，而室内陈设品主要指室内家具、设备、装饰织物、陈设艺术品以及照明灯具等。

传统图案在室内设计中有丰富多样的表达方式，除了雕刻、镶嵌、彩绘，还有染织、印刷、拼贴等。中国传统的室内设计主要是采用通透木构架组合的方式对空间进行自由灵活的分隔，并通过装饰构件、墙面，如辅以藻井、匾额、字画以及对联等装饰形式，摆设椅、架、几、案、桌、床等家具以及陈设笔墨纸砚、瓶、镜、灯笼等典型的中国传统装饰品，描绘出一幅完美和谐并具有深邃文化内涵的空间装饰图画。

在中国传统的室内设计中，传统图案扮演着至关重要的角色，无论是装饰建筑的门窗、天井、梁柱等，还是摆设室内的屏风、隔断、家具以及瓶镜陈设、书法字画等壁挂，或是床幔、窗帘、坐垫、墙纸、地面

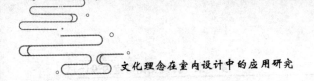

拼花等，都与传统图案不可分离，已经达到了一种无物不饰、无饰不巧的程度。

现阶段，我国的室内设计通常的做法是将能够代表中国传统文化特征的元素抽离出来，作为一种符号，用现代的手法进行阐释，并在现代的空间设计中加以运用，使设计既能满足对功能与理性的不懈追求，又能体现传统文化的基本特质，满足人们更高层次的精神与心理需要。

在室内设计中通常将古典的装饰形式作为一种象征符号来达到理想的装饰效果，使设计具有更多的含义，可以体现为任何一种具有典型民族特征的形式，如一把圈椅、一幅字画或其他一些典型的装饰图案，通过对圈椅、灵芝椅、官帽椅、几案、屏风、罩、格栅、窗权、字画、牌匾、瓷器、博古架、灯笼等传统的装饰构件及装饰形式的合理选择与有机组合来营造一种古色古香的传统韵味。传统图案通常被运用到室内设计中进行局部的装饰，如厅堂的壁饰、装饰画、隔断、地毯、织物等，多以龙凤纹、植物纹、几何形图案、文字、吉祥组合等作为图案的内容。

在探讨设计作品时，除了考虑使用功能、审美功能，还有表达功能，人在接触设计品时也不仅仅是为了使用和审美，更是为了对设计品进行辨认和解读，或是说在辨认与解读后，才更加丰富了使用与审美。在室内设计中，使用传统图案能够使作品具有更加丰富的含义，使人们在欣赏与使用的过程中与其有更多的沟通交流，在对造型以及图案内容的辨认与解读的过程中，产生强烈的心理共鸣，进而体验作品所带来的人文关怀。

（一）墙面中传统图案的运用

室内各立面是表现传统图案的主要场所，由于室内空间用途繁杂多样，应选择具有不同特色的图案装饰。概括地说，可以将室内设计划分为人居环境室内设计（公寓、别墅、宿舍等）、限定性公共室内设计（学校、幼儿园、办公楼等）和非限定性公共室内设计（旅馆、饭店、影剧院、娱乐厅、体育馆、展览馆、图书馆、商店等）三大类，由于不同类别的室内空间可能有不同的使用功能，使用者也有不同的心理需求，所以要求采用不同的装饰图案和装饰风格。

传统图案在室内墙面中的应用可以通过壁画、装饰画、挂屏、木雕、装饰线脚、建筑彩绘、整体装修等多种方式来实现。墙面中的传统图案装饰表现形式多种多样，可繁可简，因此适用的传统纹饰种类相应较多。从壁画的形式来看，多适用于展览馆、博物馆、酒店大堂等大型的公共空间，在图案选择上可以使用例如饕餮纹、兽面纹、雷纹、窃曲纹、夔龙纹、夔凤纹、青龙纹、朱雀纹等，也可选用大型的木雕版画、建筑版画等图案形式，如八骏图、龙凤图等。挂屏多为木雕制品，不仅具有形式独立的特点，而且有壁画的装饰效果，制作过程相对独立。因此，挂屏图案可以是各种各样的，可以表现任何种类的传统图案；装饰线脚多为几何纹样，如回纹、断字纹、花草拐子纹或者是简单的植物纹；文字在墙面装饰中可以以挂饰、直接书写、整体装修等多种方式来表现，形式简洁，极具东方韵味，产生较好的装饰效果。

另外，秦汉时期的纹样十分注重栩栩如生的动态形象和气势，处处体现整体的容量感、线型的速度以及力量的变化，用简洁单纯的形象展现生命的千姿百态，以剪影式的质朴造型将激昂的神情动作展现得淋漓尽致，风格朴素单纯，粗犷而不粗鄙。四神纹（青龙、白虎、朱雀、玄武）作为瓦当图案的代表，其凌厉的动势、豪迈的气魄为美学造型之根本，剪影式的质朴造型，既简化了细节，又强化了力感，具有简洁明快的艺术风格，十分符合现代人的审美情趣，在室内设计中具有极大的挖掘潜力。

（二）隔断中传统图案的运用

隔断属于半实体的空间界面，包括隔墙、隔断、屏风、帷幔等主要形式，其主要作用是根据空间特点和功能需要将室内空间划分为不同部分。

另外，可以将传统吉祥图案与磨砂玻璃相结合作为屏风，用于室内

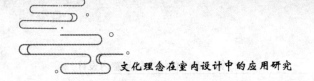

玄关、矮隔断、玻璃推拉门的装饰，能够在满足使用功能的基础上，使室内空间视觉通透流畅，而且具有较好的装饰效果。

在隔断中运用传统图案，可以选择简单明快的传统几何纹样，既能达到装饰效果，又不会造成繁杂琐碎之感，如断字纹、冰裂纹、连钱纹、棋格纹、锁子纹等。在运用传统图案装饰屏风时，可供选择的图案种类不受限制，整体式屏风多选择风景纹、龙凤纹等纹样；折叠式屏风多由数块组成，每块屏风为竖条状且相对独立，共同组合成一块大屏风。因此，屏风的图案内容多为一组系列图案，如梅兰竹菊四君子、牡丹、长春花等系列组花，或是传统民间故事的几组画面等。

汉字装饰独具魅力，通过笔画结构的重复扭动产生流畅的线条，因而造成字态的节奏与律动。汉字的字形结构带有强烈的"图形"意味，它的这种图形特性来源于"物观取象"的造字理念，并在此后的发展中始终保持"象形"的特征。中国书法讲究书体的形式美、意趣的创造美所表达出来的气韵，笔画的长短、粗细、疏密、转折都极富节奏和韵律，加上篆、隶、草、行、楷等不同的字体又各自具有独特的美感和神韵，能够起到理想的装饰效果。

（三）天花、地面中传统图案的运用

传统的装饰图案运用在天花与地面上的情况少之又少，尤其是在人们崇尚简洁明快风格的现代室内设计中，在地面与天花上大面积运用图案装饰会给人带来一种烦冗多余的感受，但选择小面积的局部装饰是一种明智之举。一般情况下，天花不需要运用传统图案加以装饰，只有在特殊的功能环境中，如要产生一种特殊意境时才会采用。地面也不需要运用传统图案进行过多的装饰，地面多为平整素洁的石材或板材铺装，只有特殊环境中，才可以使用诸如器物法宝纹、几何纹、花草纹等简单的图案。

（四）陈设品中传统图案的运用

室内陈设品主要包括家具、壁饰、装饰织物、陶瓷、工艺品等。

装饰织物在室内设计中的运用十分广泛，包括窗帘、床上用品、布艺沙发、软垫、地毯、布艺壁饰等。在织物中主要运用植物花草纹、凤鸟纹等传统图案，另外，吉语文字纹，如福、禄、寿、喜字纹，双喜纹、团寿纹、百福图、各种字体的书法，也经常被运用在布艺中，颇受人们欢迎。

陶瓷是我国传统的室内陈设品，其多以花鸟植物纹、龙凤纹、吉祥组合图案等作为装饰图案。

壁饰的形式很多，主要有木雕挂屏、绘画、版画、织物、书法字画等。人们常常喜欢将一些轻松、愉悦、朴素、自然、简练和雅致风格的作品运用到居室环境中。传统的肖像画是十分正规的，因此宜与庄重的空间布置、环境、陈设和装饰风格相一致；而一些风景画较为随意，适合用于轻松的空间环境中。一般说来，人们更容易接受具象的带有情节内容的壁饰品，因为它能直接唤起人们情感上的共鸣，而人们在接受抽象的、主题含蓄的壁饰品时就需要有一个思索、解读、认知的过程。壁饰中可用的传统图案很多，可以通过挂屏、绘画的形式表现出来，在图案的选取上，应考虑与室内环境、装饰风格相协调。

第三节　当代室内设计的发展趋势

一、现代化与民族化

随着科学技术的发展，在室内设计中一切都采用现代科技手段，使设计达到最佳匹配效果，声、光、色达到统一，实现高速度、高效率、强功能，创造出理想的空间环境，让人们为之赞叹。一味地强调高度现代化，虽然提高了人们的生活质量，但失去了传统，失去了过去。

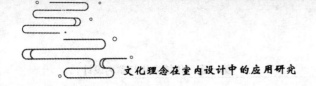

二、以人为本的设计观念

过去 30 年的情况，看上去十分混乱，但实际上它有着自己的节奏和意义，高技术、高情感和平衡就在此间呈平行或生长的状态。这意味着所做的一切努力都是围绕以人为中心的原则进行考虑，它包括人们心理和生理需要，在身心健康、安全防范等方面，优先考虑高龄者、残疾人及儿童的特殊需要，所以不同的行为需要划分不同的空间领域，配置相应的设施。在满足不同的需求时，还要考虑安全方面，体现以人为本的室内防范，其中包括私密性、防盗窃、防坠落、防污染等方面。

三、动态的变化观念

由于室内装修与建筑相比更新周期较短，而营业性场所的更换时间甚至更短，过去因过分重视一次性投资，采用劳动力密集的和粗放型的模式，所以影响了施工速度，难以达到规定的施工精度及安全要求，对以后的拆卸和维修等潜在的未知因素缺乏周全的考虑，因此室内设计应采用近远期结合的方式，正确处理物质老化期与功能老化期之间的关系。

四、可持续的发展观念

当今世界正在关注社会的可持续发展。"可持续发展"是挪威前首相布伦特兰夫人在 1987 年的一份重要报告——《我们的未来》中提出的观念，它重点强调了人类社会应该追求的目标，"既要满足当代人的需要，又不能损害对后人需要能力的发展"。

目前，我国粗钢、水泥、玻璃等主要产品单位能耗都比较高，而我国建筑能耗的使用效率相对较低。就我国人多地少的现状来说，资源显得尤为宝贵，这也意味着中国必须坚持走可持续发展之路，才可以让资源永续利用，保护好生态系统。

五、多元化的设计观念

在整个世界走向全球一体化的同时，人们探索多元化的欲望并没有减弱，随着现代城市经济的发展，原来简单的功能结构也出现了多方向、多层次、多元化的趋势。社会文化是多种多样的，不同的思想意识、不同的价值观可以表现人们更复杂的精神需要。由于社会经济的不断发展，人们对情感方面的要求也不断增多，这就更有条件将精神享受转向扎根多种文化的价值标准方向，以此去寻找地方个性和本土文化特征。这样人们逐渐摆脱了单一的思维方式，在手法上改变了传统正常的关系（对称、连续、完整、具象、直观、数理和逻辑），可能会给室内设计更多形式的矛盾和多阶的意味。后现代主义对历史文脉的强调，一般都是用符号表达他们的概念要求，而解构主义则是走向反"正统"的设计观念，对建筑进行"消解、错位"，是一种无序破裂的思想体系。

现代建筑设计经过了现代主义、国际主义、后现代主义和解构主义这四个阶段，在信息化高度发达的今天，人们的设计情节以及设计理念、设计的多元化与个性化特征在这个时代完整地体现出来。

六、细部和整体并重发展观念的设计方法

按照从上到下、从整体到局部的思考方法，缺乏对细枝末节的考虑；按照自下而上、从局部到整体的思考方法，也不能保证整体的完善。局部和整体应同等重视，整体先于局部，局部创立整体，这是现代室内设计的新方向。从整体思考时，应着重考虑各个特殊部分和细部之间的关系，如空间界面的视觉因素（肌理、纹样、软硬、光泽、色彩），节点构造形式，材料的适应范围还有所受的限制，各个界面之间及其造型要素之间的协调等。重设计轻施工、重形式轻使用、重大体轻细节、重建设轻管理，这些都有利于提高室内设计的品质。

第二章　传统漆画与室内设计

第一节　传统漆画概述

一、漆艺概说

我国的漆工艺早在两汉时期就已经传到了日本、朝鲜等国家。此外，这种工艺经过了波斯和阿拉伯等又传到了一些欧洲国家。在中欧航线发现后，我国漆器曾被运到欧洲的各个国家。从那时起，我国漆器开始受到欧洲各个国家的喜爱。

17世纪，英国、法国、德国先后学习研究我国漆艺文化，并在此基础上不断发展、创新，形成了具有本国特色的漆工艺。由此可知，我国漆艺对促进全世界漆艺文化的发展曾作出巨大的贡献。

我国漆画的演变，经历了漫长的孕育过程，其中几千年漆艺传统的丰富土壤培植着漆画，使其从母体脱胎而出，经过一代代、一辈辈漆画家的不懈努力，在第六届全国美展上终成独立的画种得以确立。40多年过去了，漆画的发展取得了长足的进步，漆画创作队伍有了扩大的趋势，地域性的、群体性的、个人的风格正在形成。漆画作品有了一定的新面貌，尽管进步不是很显著，但是与其他大画种相比，漆画的进步还是较快的。漆画，作为一门新兴的学科，已经受到了越来越多的关注。由于漆本身材质的特性，再加上与其他质材结合，构成了漆画的新面貌。漆画作为新发展起来的学科，很多人在着手将其更广泛地应用到室内设计中去并思考如何使得这门技术渐渐成熟，为其发展找寻到出路。漆画发展至今，已经渐渐走入人们心中和社会生活中。

我国的漆画源于我国古老的漆文化，我国第一只朱漆木碗发掘于浙江河姆渡原始遗址的第三层，如果按这个时间推算，我国的漆文化最早产生于 7000 年前。漆画《巫师作法图》出土于河南信阳，据考古人员推断，它大概产生于春秋战国时期，描绘了社会生活的场面，颜色上用了红、橙、黄、绿等，可与同一时期的帛画相媲美，表明当时我国漆画与其他绘画的发展程度趋于一致。

迄今为止，我国发现的最早的风俗性题材漆画是在湖北荆门包山楚墓出土的《车马人物出行图》，它主要描绘的是楚国的贵族在迎宾出行时的场面，这幅画生动记录了当时贵族的生活面貌。汉代漆画的代表作品漆棺，出土于湖南长沙，漆棺上面绘有复杂多变的云气纹和神兽图像，体现了画家熟练的技巧和丰富的想象力。安徽出土的漆案、漆盘等，无论是画面的情景还是人物的面部表情，都刻画得相当精妙。另外，还有在山西大同出土的漆屏风等，这些"漆画"早期都依附器物而存在，可以说它们是我国漆画最早生长的土壤。

我国漆艺走入低谷是明清时期至 20 世纪 30 年代，一批漆画家去日本和法国研习漆艺，回国后又致力于传统漆艺的振兴，他们对我国真正意义上的漆画产生作出了有益的探索。

我国漆画的发展与越南磨漆画的影响有着十分密切的关联。之所以这样说是由于在 20 世纪中期，越南磨漆画展先后在我国的北京和上海等城市展出，这次磨漆画的展览在我国漆艺界和社会上产生了巨大反响。这一时期，以蔡克振、乔十光等为代表的第二代漆画家进行了漆画的实践与探索，这一时期也开始形成了漆画的基本面貌。1984 年，漆画以独立画种的身份进入全国美展。这在沈福文先生所著的《中国漆艺美术史》以及乔十光先生主编的《漆艺》中都有论述，本书不再赘述。真正的中国漆画从 20 世纪末开始的。在王和举等一大批被称为第三代漆画艺术家的探索和推动下，我国的漆画艺术呈现了崭新的面貌。中国漆画至此真正开始了包括材料、主题、形式、技法、肌理在内的独立探求。

二、漆画的图案演变

漆画顾名思义就是以"漆"为主要载体来表现画面，以大漆为主要的媒介材料进行创作，漆画是我国传统髹漆工艺与现代科学、现代艺术、现代工艺、现代材料的结合体。而材料是漆画艺术的根基，漆画是以大漆为主的各种材料制成的。自然造物给视觉艺术提供了丰富的材料资源，不同材料具有不同的质地，也会体现不同的美感。在对漆画进行创作的过程中，针对各种材料的加工和调和，各种各样的材料经过加工打磨之后，呈现的美感是不同的。材料的选定对本书要表现的漆画观念具有很大的影响，任何一种审美语言的形成，都离不开对各种各样的材料的研究和利用。

早在汉字出现之前，我们的祖先就用图形来记录当时的生活，因此中国的传统纹样发展至今，已经有几千年的历史。那些简单的图案，属于我国最早的纹样，一直流传到今天。这些传统图案体现着我国特有的文化思想、审美情趣和民族精神。漆器上的图纹演变常常是一种有节奏韵律的图形记录。它除了描绘物体的轮廓，还揭示其思想。人们之所以反复画一个图形，不仅仅是因为图形具有的审美感，也因为图形的象征意义体现了当时人们对美好生活的渴望。

（一）史前

原始社会中的漆器工艺极其简单，如在河姆渡时出土的漆器，表面上只髹红漆或黑漆，没有纹饰。山西出土的漆器上面绘制有几何纹，但是纹饰很简单。

（二）夏商周时期

夏与商相比，漆工艺比较简单，漆器的颜色不多。商时漆工艺比夏时有进一步的发展，如黑底红纹、红底黑纹，这一时期还有贴金镶嵌技法，如蚌片的镶嵌。漆器的纹饰除了写实还有夸张变形，有单色还有多色，漆器的图案还出现了龙虎纹、圆点纹等多种复杂的纹样。在这些纹样中，有的还镶嵌着松石，如河北出土的圆形漆盒，就采用红底黑纹，在这个漆盒上，有饕餮纹和圆点纹。有的还将绿松石镶嵌到云雷纹和饕餮纹上，这个绿松石可以有不同的形状，如三角形、圆角、方形等。这些绿松石多用在眼睛部位。有的还采用碎石片、蚌片等。

西周时期的漆器工艺与之前相比有了较大的进步，这一时期图案的表现手法是彩绘与镶嵌相结合，西周时期漆器的装饰类别和漆器的数量有明显增长的趋势，漆器的题材和范围更加广泛，出现了人物、植物等，在图案的形成或构成上有独立纹样，也有连续纹样。商代的漆器图案主要以表现动物为主，到了西周，漆器的图案主要是以几何纹为主，到了西周末期变得更加清晰明确。

（三）春秋战国时期

春秋战国时期，图案之精美程度远远超过了之前的时代。这一时期，漆器的图纹颜色主要以黑色为底，用红色绘制图案，图案生动。这一时期还将漆器普及到日常生活。漆器设计没有更多的束缚，包括材料和工具在其内部普遍出现，可见这一时期漆器的普及程度。由于这种普及性，图案和题材取材都来源于生活和自然。根据器物的外形而采用不同的图案和纹样，小到漆盘，大到漆棺。图案用线曲折轻快。这种图案常常传达出对生命的颂扬，而不仅仅是简单的描摹自然。这一时期的器皿图案不再像之前以动物纹为主，如商周时期的兽面纹等。在器物的主要部分，如器物的中心、器物的口沿等部位，使用连续纹样，突出对器物的装饰性，同时在一件器物上运用不同形式的装饰技法。春秋战国时期，是我国漆画图案灿烂发展的时期，画面内容有自然景象神话、历史传说、社会生活题材、几何纹、动物纹等，可谓题材广泛。这一时期，注重自然纹样的装饰，动物纹主要有猪、狗、熊、孔雀、鸟、凤、鸳鸯、龙、变形鸟纹、变形凤纹等。龙凤纹是这一时期普遍流行的图案，有写实、有夸张、多变形，形体特征构成"S"形或卷云纹等。凤鸟纹图案在漆器中占有重要地位。战争工具如盾、马鞍，乐器如琴、瑟、鼓，饮食器皿如勺、杯等，生活用具如箱、柜、几案等甚至棺木上均有使用。凤鸟图案动势丰富，如跨步、展翅高飞等，这也充分体现了那一时代的人所具有的丰富的情感和强烈的个性。

春秋与战国相比最大的差别在于春秋时期的漆器上，没有发现植物装饰纹样。战国时出现了植物题材，如花、草、树木等，这也标志着现实生活题材开始融入漆器的装饰图案。花卉多以变形的形式出现，通常情况下起衬托作用。自然景物的图案，包含变形的山、云、星宿等作为战国漆器图案应用较多，变化形式多种多样，如云雷纹、变形雷纹、卷云纹等。几何纹样，主要指方格纹、圆圈纹、三角形纹等。在装饰技法上有的作为单独纹样使用，有的连续使用，有的将点线面结合，或抽象，或具象。这些曲线传达出的是生命力和结构感，颜色上采用平涂，色彩效果更加强烈，使装饰效果更加突出。

（四）秦汉时期

秦汉时期的图案丰富，抓住基本形态，对对象的特征做夸张处理，细致描绘、线条多变，根据器物的造型，将连续纹样、独立纹样组合成均匀规整的图案。技法上，多用线描。以渲染、针刻、镶嵌、堆砌等方式，使画面活泼生动。

秦汉时期，漆器上的图案线条讲求线的轻重缓急变化，如秦汉时期的漆扁壶，上面绘有奔驰的骏马，形象突出。秦代几何纹主要起衬托作用，这些几何纹强化了主体图案，装饰效果突出，如河南出土的几何纹耳杯。

秦代云凤纹被大量运用，春秋战国时期这种云凤纹几乎没有出现过，因此云凤纹是秦代漆器的代表性图案。云凤纹是由凤鸟纹的一部分与云纹结合而产生的，也体现出秦人的聪明才智。龙凤纹是属于"S"形的图案，类似于龙凤在飞行。在秦代漆器的画面中，还将鸟头纹简化成"B"形。这种抽象符号化的图案，在湖北出土的漆器中有将近40种，可见这种图案应用之广泛，其主要绘制在漆器的盖部。秦代的植物纹样出现了梅花纹、菊花纹和变形折枝花卉等。秦代的叙事图案，人体比例准确，体现了秦人的高超技艺。

汉代装饰图案与秦代基本相同，分为写实、夸张，有具象、有抽象，图案优美，题材广泛。纹饰上以几何纹居多，大多题材内容包含吉祥、辟邪、驱祸之意。例如，龟鹤等动物被赋予了增寿之意，鹿又有"禄"的含义，鱼有"余"的象征，麒麟意味着仁义。汉代漆画更加真实，神话题材更多的是人兽合一的和谐世界，湖南马王堆一号墓的漆棺展示出的神话故事是最有代表性的，如仙鹤觅蛇、仙人乐舞等。动物装饰图案在汉代所有的漆画中都有所表现，这一时期漆画的主要特点是动物纹与云纹结合。多种多样的动物纹处在云气纹之间，动势各不相同，动物均用夸张的手法。植物题材图案在汉代也时有出现，如草叶纹漆耳杯。汉代自然景象图案有云气纹、卷云纹、山峰纹等，这与汉代人的精神信仰有重要关系，汉代人多以道教为信仰，追求长生不老和升仙。

（五）东汉至隋唐时期

东汉之后漆器的图案装饰延续前代，南北朝时期与东汉时期最大的不同在于打破了黑和红为主色调的规则，出现了沉漆和斑纹漆。至隋唐以后，漆器的装饰题材上一改以动物图案为主题的装饰，而以花草、人物、山水等为主体装饰。其中，花草纹出现了以宝象花为主题的作品。

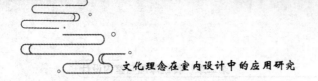

宝象花是在莲花的基础上发展而来的，象征着清洁、纯净、庄严。另外，唐代的漆工艺十分讲究。

（六）宋元明清时期

如果说唐代的漆器富丽堂皇属于奢侈品，那么宋代的漆器逐渐进入百姓生活中，体现出漆工艺民用化的特点。以人物为题材的作品，体现出风俗画的特征，在工艺技法上，取得了较高的成就。

元明清时期，经过历代的实践，漆工艺发展到了成熟阶段，达到了历史上的高峰。元代的雕漆最为著名，以植物花鸟为题材，改变以往用花朵衬托的方式，而是采用大朵花直接表现的形式，如牡丹、山茶、芙蓉等。

到了明清时期，漆工艺表现手法、题材、图案更加丰富。构图讲究对称、舒展，采用写实或抽象的形式，远胜元代。明代出现了双层花卉雕漆作品，在漆盘上雕刻上下两层花卉，充分反映出明代工匠的高超技术。明代除雕刻花卉、山水、人物图案，还有孔雀、牡丹、云龙纹、云凤纹等。作为皇权象征的龙凤纹饰也被装饰在漆器上。明代雕漆在工艺技法上和材料上具有鲜明的时代性，是对元代的继承，如雕刻的刀法熟练，边缘磨得光滑，不漏刀刻痕迹。清代的图纹包括人物、花卉等。如收藏于故宫博物院的彩漆小盒，正上方是一朵盛开的牡丹花，四周以茶花、石榴等作为陪衬。在人物题材上，以历史故事为主，如八仙人物、岳阳楼等。

在漆画艺术中，对于传统图形的借鉴可以归纳为两种形式：一种是以传统的图案为主，风格倾向写实；另一种风格倾向于抽象。无论图案是写实还是抽象，都是对传统图案的传承和发展。

三、漆画的材料

生漆在我国的使用不仅历史悠久，而且还非常普遍。在古代，上至皇宫殿堂中的金漆云龙屏风、宝座，下至寻常百姓家的门、窗、桌、椅、凳。直到化学漆出现的不久前，日常使用的箱、柜、匣、碗、奁、筷……都要用漆来漆，其中不少漆器既是家具又是艺术品。漆艺之漆，严格地说，是专指从漆树上割取下来的天然生漆。人们平常说话中，形容夜晚或某物品"很黑"时就会使用"漆黑"一词。其实生漆并非黑色，从漆树里流出的液汁与空气接触后呈褐色，人们看到的黑漆是加入氢氧化亚铁后再行炼制由红变黑的。

由于天然生漆具有防腐蚀、防渗透、防潮、防霉、耐酸等性能，漆膜具有硬度强、耐磨的特点，并有美丽耐久的光泽，因此生漆广泛地应用于古建筑和文物的保护。随着社会的发展，漆画的艺术语言及其艺术观念开始逐步成熟。一方面，漆艺家们从传统漆工艺的历史文化底蕴中吸取养分；另一方面，又把漆画纳入整个新时代的社会背景中进行创作。如今传统漆文化回归现代人们生活中，使漆画的发展有了更大的可能性，同时拓展了漆画的发展空间。漆画家们从传统漆艺文化中吸取经验，并将现代艺术理念借鉴到作品中，在漆画表现形式与表现语言的寻找过程中，又反过来带着新观念、新思维，以全新的角度进行传统漆艺术的创作，并利用现代科学技术，将漆画与科技所带来的新材料、新工艺结合，开始了新的尝试与探索。"在深入挖掘、弘扬传统漆艺精华的同时，引入现代材料、现代工艺、现代造型，更加关注设计中的现代意识和创造性思维；更加关注漆艺进入人们的生活空间和精神生活，寻求与时代同步的审美情趣和艺术理念"，使得漆画得以在时代发展的背景下以新的面貌重新进入人们的视野。

四、工艺技法

漆画的工艺技法，积累的时间很长，据《髹饰录》记载，真正关于漆画技法的文章有186条、18章之多，经过历代人的实践和演变，今天的漆工艺技法大概可以概括为以下几类：髹涂、镶嵌、变涂、磨绘、刻填等。

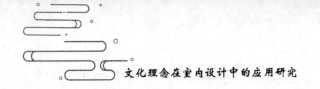

早期的漆画依附于器物存在，很多漆画的技法来源于漆器的技法，除了需要对传统技法进行传承，还要对工艺技法进行变革与创新。漆画工艺技法丰富多变，与传统大漆互为补充。作为中国传统工艺，充分利用自然的条件，遵循自然规律，将自然与人工结合，既要表现技巧，也要创造出意境。漆画技法的表现与材质的多样性有着紧密的联系，漆画不仅需要材料表现与技法结合，更重要的是将作品的内在精神传达出来。

五、漆画的审美特征

（一）民族性

漆画从一开始就是与材料、技法紧密相关的。无论是大漆，还是金属、蛋壳、螺钿等特殊材料，或是描、刻、堆、涂、磨等技法，都区别于油画、水彩等其他画种。可以说，漆画含蓄深沉的特性是与生俱来的。同时，漆画在绘画语言中具有一定的民族特点，如线描、散点透视、平面化场景，再如漆的黑与红，被称为我国传统的颜色，这些都是漆画民族性的体现。

（二）时代感

时代感表现在漆画主题的选择上。无论是对历史题材的创新解读，还是对当代社会现象的敏锐捕捉，漆画作品都能够通过独特的艺术语言，体现出与时代相契合的精神面貌。这种与时俱进的主题选择，使得漆画在延续传统的同时，也展现出与当下生活紧密相连的生动气息。时代感还体现在漆画的艺术表现手法上。传统的漆画技法，如砖石、描金、竹片等，在现代漆画创作中得到新的生命，与当代的艺术语境相互对话，彰显出漆画在技法革新上的时代感。新的材料和技术的引入，也为漆画带来了全新的视觉体验和审美可能，进一步凸显了漆画的时代感。

（三）装饰性

装饰性特征主要通过构图、色彩、肌理以及图案的变形与抽象等方面体现出来。漆画的装饰性主要是由漆画材料自身所具有的装饰美感决定的，主要表现在漆的色彩含蓄上，并且材料有抗腐蚀的优势，在经过打磨之后，所产生的透明的光泽不会变质。可以说漆有彩有光，不浮躁，另外漆画的材料繁多，表现语言也很丰富，在创作过程中，可以相互结合，来表现它的肌理美感。例如，洁白无瑕的蛋壳、贵气的金箔、朴实的漆粉，丰富的材料形成了漆画独特的、不可替代的装饰性美感。在装饰程度上要坚持适度的原则，含蓄而有内涵的装饰才是最好的装饰。漆画的材料是经过提炼加工与其他颜料调和并绘制在漆板上。它的材料、技法具有平面性和装饰性的特点，漆画画面单纯，色彩明快，造型简练，构图饱满，它的这些特点体现出漆画浓郁的装饰性风格。

（四）延续性

很多漆画作品中都有一个明显的特征，就是题材上多以传统图案为主。从我国优秀传统文化中找寻题材，不仅是简单的复古，而且是对传统文化元素进行改造、然后再重组，将这些带有传统文化的符号运用在漆画中，不仅是对民族文化和民族精神的展现，而且能够将传统文化与当代社会的情感结合起来。漆画作为一种文化艺术，已不仅是传达视觉审美要素的普通作品，更是一种民族文化延伸与精神传承的符号象征，倾注了在现代人们生活中对民族生命活动的精神沉淀。漆工艺作为一种文化，更强调生活情趣，更能贴近人的情感需求和生活需要。特别是它在装饰性、文化性和点缀性方面的审美特点，使其具备了在实用领域拓展的可能性和实用性。

（五）创新性

漆画的创新性主要表现为观念性创新和表现形式的创新。

漆画的观念性创新主要指任何艺术家都需要好的艺术构思，都应该不被旧观念所束缚，正所谓穷则变、变则通、通则灵，在观念上、艺术构思上，应该提倡多种艺术风格共同发展，百花齐放、百家争鸣，在自身领域寻找新的空间，形成漆画艺术多元化发展的新局面。

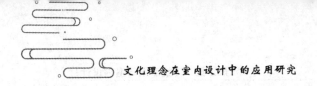

随着科技的发展，新的材料、工艺技法不断出现，要求艺术家不断研究新的表现形式，找寻新的艺术语言，通过构图、造型、色彩、材料、技法上的实践变革，找到自身的绘画表现语言。艺术家必须不断地探究和运用各种材料，开阔思路，富于联想，把艺术构思、所需材料、工艺制作相结合，才能创作出具有独特观念及新形式的漆画作品来。

第二节　漆画在室内设计中的作用、特点与表现类型

一、漆画在室内设计中的作用

漆画的特点与优势决定了将漆画运用在室内设计中可以烘托室内气氛，增加文化内涵，对营造个性空间、促进室内风格的形成、推动室内设计的发展，具有重要意义。

（一）丰富空间层次

空间的形成主要来自面的组合，而空间效果的进一步创造也有赖于面的深化，漆工艺本身既是装饰手段，又是人文精神借助室内空间的一种表现，不仅可以丰富空间的表现，而且可以增强室内空间的艺术趣味。

通过独立的漆画作品进行空间分割，进而丰富空间的层次，也是日常生活中比较常见的装饰形式。这种装饰形式今天仍然被广泛地运用于室内的空间装饰中。比如，将实用与审美相结合的漆屏风分隔空间就是我国传统空间分割中最多见的手法。漆艺家具、漆塑也可以对环境空间形成一定的心理分割，尤其是漆塑，它们既有分割空间的作用，又有较高的艺术观赏价值，可以形成一定的感知空间，也常常因为其观赏价值而成为室内空间环境中的趣味中心。另外，在漆工艺色彩和质感肌理与界面的对比关系上，也体现漆画对环境空间层次的丰富与加强。将其作为点缀色运用，则可以活跃空间气氛。因为界面经常是作为主体的背景

而存在，漆画色彩作为主导色运用，可以强调主体的色调；材质肌理的调节，如墙面的光洁与局部漆艺装饰材质的糙涩、隔断和家具等材质表层的处理和整体空间材质对比等，主要是指大面积与局部细节的质感与肌理对比。即使是漆画装饰小品也能于细腻之处丰富材质肌理对比的装饰趣味，在活跃空间气氛的同时，也丰富了界面的视觉感受层次。

（二）传达文化意蕴

漆画的历史发展源远流长，它丰富的文化内涵和艺术价值曾是我国古代劳动人民物质生活的重要组成部分。将漆画引入室内设计中来不仅是看重它的实用与美观，最本质上是对传统文化的体验。漆画在室内空间的表达可以是器物或隔断、家具及陈设品的布局等，其传达出来的是传统文化的气息，这对展现传统文化、满足精神文化需求有着重要的价值。漆画的包容性和独特性使它在室内设计中有很大的生存空间，无论是从文化形态上，还是从空间与审美功能上都有着重要的价值。

（三）营造个性空间

随着科技的发展，批量生产的机械制品容易让人感觉单一，居住者希望追求个性化的室内设计。漆画在一定程度上满足了人们的心理需求。漆画的艺术性和绘画性带有明显的个性化特征，如自然材料、漆、木板、蛋壳、金属等。漆画材料丰富，将不同材料结合会产生不同的画面效果，形成独特的审美趣味，而材料和结合的丰富性又决定了其对各种艺术形式、艺术风格的包容性和适应性，可以满足了居住者对室内空间的个性需求。

二、漆画在室内设计中的特点

（一）平面性

漆画的最主要表现形式就是平面。与传统相对应的漆画，最早是在器物的形态上进行绘制的，而现在的平面形式来源于纯粹研究技法工艺、材料等，给漆画的发展提供了更广阔的空间。尤其是漆画独特的材料与

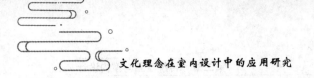

技法将其平面性应用到室内空间，突出材料技法、图案肌理的独特工艺性和审美价值，这样也就不是几幅绘画作品那样单一了。

（二）综合性

1. 材料的综合性

将材料综合表现是艺术作品的表现手段之一，漆画材料综合表现主要体现在各种材料的不同工艺上。传统的大漆是从漆树上提炼加工而来的，它含蓄、深邃、优雅，具有不可限量的艺术价值。但是随着科技的发展，室内设计中多种材料被应用到室内设计中。以传统大漆为主要材料的漆画制作周期长，对操作环境有一定的要求，如保证空气湿度、必须有荫室等。化学合成漆是对大漆的补充，化学合成漆干燥时间短，相应也缩短了漆画的制作周期，而且化学合成漆对空气的湿度没有特定的要求。

2. 技法的综合性

漆画之中技法的综合性主要表现在漆画创作中不同技法的混合应用上，如创作了一个画面，可以应用多种技法，可以预先将蛋壳粘在漆板上，相当于国画中的留白。在镶嵌蛋壳的基础上可以撒粉，不同颜色的粉可以产生不同的画面效果，可以变涂，也可以堆漆等。也就是说，可以将多种技法综合运用到画面中来。熟悉漆画创作的人都很清楚，漆经常被人称作"人画一半，天画一半"。最后会产生什么样的画面效果并不是一开始就可以预想到的，人们所能做的就是熟练掌握各种技法并进行多种实践，避免重复才会有所创新。可以说，正是漆画技法的综合性赋予了漆画神秘的面纱，也正是漆画技法的综合性才吸引了众多艺术家终身投入漆画的创作中。

（三）多样性

上述漆画的综合性，主要是针对漆画创作中的材料和技法提出的，而这种材料和技法的综合性，之所以成为漆画的主要变现形式，正是由漆画材料和技法的多样性决定的。漆画以漆为主要材料，除天然大漆，还有化学合成漆，如透明清漆等，蛋壳不仅可用鸭蛋壳，也可用鸡蛋壳。创作者可根据画面需要而选择偏暖或偏冷的蛋壳，在使用箔时，可以用整张的铜箔或铝箔，也可以用金粉、银粉，还可以将漆皮做成颗粒大小不同的颗粒粉等，总之，漆画的材料、技法多种多样，可以将不同材料、不同技法的画面效果应用到室内设计中来，使漆画作为室内设计的一个元素，为室内设计服务。

三、漆画在室内设计中的表现类型

(一) 漆画

漆画由传统工艺发展而来，以漆为主要材料。漆画表现方法多样，并且具有装饰性的审美功能。优秀的漆画作品要求有熟练的漆工艺技术，还要求漆画家发挥主观能动性，创造性地运用漆工艺，只有不断发现新材料、新工具才能促进漆画的不断发展。

磨漆画是漆画的主要表现形式。磨漆画最大的魅力在于磨，将不同的颜色层层相加，最后通过打磨，得到意想不到的画面效果。

(二) 漆家具

漆家具一直是中国家具的主要构成部分，漆家具历史久远，具有浓厚的民族风格。在室内设计中，漆的运用广泛体现在漆与现代家具设计的结合上。漆家具融合了传统漆艺的精华和现代家具的设计风格，不仅可以体现出漆的文化性，而且可以加入现代设计理念。我国家具发展的兴盛期是明清时期。漆家具深受人们的喜欢并且吸引人们收藏。漆家具的主要形式为雕漆，在室内空间中，如果摆设若干漆家具，如几案、花台等，就可以起到相互衬托的作用。

漆家具的重要物品——漆屏风，它既实用又有审美功能，它的实用性主要体现在空间的功能上，有分隔空间的作用，还有遮挡的功能，丰富了空间的层次感。它的审美性主要体现在端庄质朴的颜色、神秘变幻

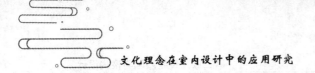

的工艺、变化丰富的肌理上。此外，漆屏风也是民族与文化的象征。在古代，漆屏风的用途广泛，主要以实用性为主。而今天，漆屏风主要起装饰作用。无论古今，都是以漆为主要媒介，将漆屏风应用于室内设计中，使室内环境有着深厚的民族气息和文化内涵。屏风可以分为插屏、挂屏、升屏几种，从漆工艺上分可分为木雕和漆艺。漆屏风传承了传统漆艺的特征，包括屏风自身的工艺技巧，在屏风上题诗作画，也使屏风有了新的内涵。唐太宗曾将他的治国之道作为漆屏风的题材，从而起到传扬歌颂、警戒说教的作用。漆屏风上绘画、题诗以五代名画《韩熙载夜宴图》最为著名。

（三）漆器

从历史发展的情况来看，漆器与生活一直是紧密相关的，漆器比陶瓷出现得更早。漆器作为一种实用性很强的器皿，曾被广泛应用于各行各业。随着社会的不断进步和漆工艺的不断革新和发展，它们逐渐发展为以观赏性和陈设性为主的装饰品，包括在各种器物上彩绘、描金、填漆和喷绘等，特别强调在器胎上要髹漆至一定厚度，再在上面雕刻图案。再有就是在漆器上镶嵌金、银、铜、螺钿、珍珠，玉牙及宝石，以组成华丽璀璨的美丽花纹。用于室内空间放置的主要是漆器与漆塑，主要是起着画龙点睛的作用。唐代的金银平脱、元代的雕漆、明代的百宝嵌、清代的脱胎漆器等，都是各个时期有代表性的特色名品。中国的漆器已经有了数千年的文化积淀，悠久的民族文化和历史文化在历史的积淀中拥有了独特的艺术品位与生动的人文内涵，这些使它已不仅仅是单纯意义上实用与审美的简单结合，更是民族文化与精神文化的传承。

（四）漆壁画

作为一种新的漆画形式，漆壁画尺寸可以不受限制，与墙体相统一。漆壁画是漆画的延伸。现代漆画与建筑设计、环境艺术设计等密切相关。漆壁画通常不加外框，这种方法易于墙体与窗框相呼应，漆壁画不仅起到装饰美化的作用，也可以修补空间，弥补空间划分的缺点。漆板也可以作为装饰材料的一种，发挥装饰材料的作用，漆壁画由于尺寸较大，一般被使用在室内设计中的公共空间。漆壁画、漆屏风、陈设品等表现形式应用到公共艺术设计中，便成为特色鲜明的漆艺陈设品。在溯源寻根、回归自然的观念下，漆艺这种带有独特的审美感和手工制作痕迹并且具有深刻文化内涵的传统艺术，满足了人们对精神文化的需求。

漆画之工艺具有强大的艺术表现力，这个使漆画与公共艺术有了很好的结合点。漆画表现的题材广泛，表现形式多种多样，加上材料丰富、肌理多变等特点，给漆画作品带来了强烈的视觉冲击力。正是因为漆画的这些特点，才能够使漆画与各种空间环境相适应，成为公共艺术中重要的表现形式。

例如，位于沈阳中街的沈阳玫瑰大酒店，以玫瑰为主题的思想与现代艺术有机地融合在建筑之中并将其作为自己独特的整体风格。大堂的一幅大型漆壁画是整个店面设计中尤为突出之处。这幅《玫瑰花》色彩上突出了酒店的风格和主题，作品风格是现代时尚、高雅洋气，非常符合酒店的主题内容，并且重点突出富丽堂皇的盛世之风。整幅作品金碧辉煌，高贵典雅，烘托出整个酒店大堂富丽堂皇的空间氛围。现代漆壁画和漆画基本特性相同，表现手法不同，它们的画面都是以漆为表现语言，加以材料的配合使用，以绘画的形式来表现画面的主题。漆壁画依附于建筑和环境设计之中，可用在酒店礼堂、体育馆、健身房、图书馆等室内。无论是漆画还漆壁画，都是从古老的漆艺术中孕育而来。经过多年的发展变化，使悠远的漆工艺发扬光大。

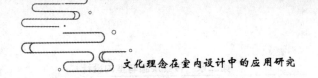

第三节　漆画在室内设计中的优势与原则

一、漆画在室内设计中的优势

室内设计应不断地进行漆画应用领域的探索和研究，这是由于漆画不仅可以增强室内空间的艺术氛围，而且可以增强室内空间的文化性。漆画材料的特征，也决定了漆画在室内空间中具有不可替代的优势。要使漆画这一传统元素得以传承并发展，必须将漆画带入人们的生活中来。在当下除了需要提高人们对漆画工艺的认知度，漆艺家及室内设计师应不断地探究漆艺的应用领域。将漆艺应用于室内设计中来，增强室内空间氛围的艺术性，也使室内空间更具有文化性。漆画不仅仅是装饰的手段，也是人文精神在室内空间中的表达。用漆画来装饰，主要有以下优势。

（一）使用漆画装饰较为环保，使人有亲近自然之感

社会在发展，科技在进步，各种装修的材料被广泛应用于人们所生活的环境中，这些涂料中普遍带有化学成分，造价低，使用方便。然而，人们都知道这种化学成分的涂料虽然可以装饰美化空间环境，但是其含有的有害物质不仅污染环境，而且对人们的身体有害。如果使用大漆，无论从材质上还是设计理念上，都为室内空间环境提供着有益的启发，大漆所具有的天然环保的优势，符合人们对环保设计、绿色设计、生态设计的要求。

另外，值得一提的是，中医研究者研究发现，大漆还有一定的药用功效，据《本草纲目》记载，古代大漆曾被人们当作药用之物。将大漆用于室内陈设及家具表面的髹饰，可以减少化学成分的污染，而且漆所具有的自然含蓄之美，使人们有回归大自然的感觉。

（二）将漆画布置于室内空间，有艺术化的装饰效果

漆画的表现方式是多样性的，如可以是平面的漆画作品，也可以是用于收藏和陈列的立体漆器工艺品。漆画的优雅含蓄、自然和谐，是其他画种所不具备的，而漆画作为独立的画种，更应充分发挥材料的特性，表现手法多样、肌理效果丰富，无论是大面积的整体装饰，还是小面积的局部点缀，都可以传达出既古典又现代的艺术氛围。漆画除了用来美化与装饰，还可以用来收藏，使室内环境舒适、合理，充满艺术感。如果在室内空间中摆几件漆器，不仅可以增加空间情趣，还可以成为空间中的亮点。

（三）将漆画用于空间装饰，是民族特色的体现

设计师在室内设计中应用传统漆画时，不仅要考虑室内生活用品的使用等功能方面的需要，还应该考虑到它所包含的深层次的文化性及审美需要。此外，还应关注漆艺背后的文化性。一位美国的学者曾说过，在他的心目中，中国人的漆艺是可以代表中国文化的。

漆画的历史从远古时代历经各个朝代，它不仅珍贵，更具有不可替代性，它蕴含我国的民族精神。将漆画作为装饰不仅仅体现出它所具有的东方意蕴，它丰富的材料、玄妙的肌理，更能营造出诗意般的境界。如果在室内设计中需要精神空间的营造，那么漆画可以作为体现室内设计精神文化性元素的存在，并且焕发出持久的光彩，从而使室内空间的审美意境更加丰富、优雅而富有内涵。

（四）将漆画用于室内空间，可以体现出主人的个性

工业化时代，科技带给人们的是机械化的批量生产，很多物化产品都逃不开千篇一律。人们在内心中渴望个性与时尚，人们可以居住在布局相同的房间之中，但是人们需要个性化的室内空间装饰，因为个性与时尚的装饰可以体现出居住者的品位、个性及其需求。

在这种情况下，将漆艺用于室内空间进行装饰，就可以将漆画的优势体现出来。漆画工艺的表现形式可以是二维平面的漆画，也可以是某

些空间陈设品。就漆画的工艺技法而言，可以像木刻版画一样，用刀刻出图案，也可以使用堆漆做出肌理效果，还可以将各种材料拼贴镶嵌到画面中来。总而言之，这些漆艺技法能够表现出不同的效果，每一种效果自身又有各自的特征，漆画作品在绘制中，总会有意想不到的效果，这正是由上述所说漆画工艺具有丰富表现力等多种特征所创造出来的，把它应用在室内空间，不仅能够体现出主人的艺术修养，而且能够体现出主人的个性。

二、漆画在室内设计中的应用原则

（一）整体性原则

在进行室内设计时，室内空间的表现需要各要素的相互协调、相互补充，室内空间强调的是整体和部分之间的关系，漆画区别于其他艺术的最主要因素，就在于它自身体现出材料和肌理的多样性。通过各种材料的综合运用，强化漆画的表现力，满足人们对漆画的审美要求，同时，漆画应用在室内设计中应考虑空间功能、家具风格等相互作用的因素，使漆画与空间环境的风格相协调。

在进行室内设计时，还要考虑居住者的年龄、知识结构、有无民俗禁忌等，要将漆画的运用与室内空间氛围相结合。将漆画艺术的文化性与室内环境结合，使之符合室内空间的氛围，从而营造大方、美观、舒适的室内空间环境。

（二）适度原则

在用漆画进行室内装饰时，过多使用漆工艺色彩、肌理过多，会影响到室内空间的品位，如果过多地追求材质和工艺技法，就弱化了室内设计的整体性和协调性。在室内设计中不应过度装饰，也不应忽略漆画在室内设计中所起到的积极作用。在把握漆工艺的同时，要确保室内风格协调统一。在具体应用上，要把握适度原则。

（三）均衡性原则

室内设计中的均衡性原则主要表现在漆画色彩、图案、材料、肌理上，如在界面、家具的应用部位，作为陈设品的空间布局安排等。均衡性主要表现在布局对称方面，而非对称布局主要展现出活泼的效果。

（四）环保性原则

目前，人们在进行室内设计时，都会考虑室内装饰材料的环保性。漆树的汁液经过提炼加工一直沿用并发展到今天，与它自然环保的特性有密切的联系，与化学合成漆相比，大漆无毒、无害，属于绿色环保材料，这是大漆所具有的优势。

第四节　漆画材料属性及其在空间界面与陈设品上的应用

一、在空间界面中的应用

将漆画应用在室内空间，一方面使它作为室内设计的元素，服务室内空间；另一方面，使漆画实现了其价值。将漆画应用在构成空间元素的室内设计中，应注意整体性、审美性等应用原则。

（一）漆画在墙面上的应用

室内空间中，墙面是人们眼睛所见到的面积最大的部分，墙面主要以空间立面的表现形式出现，也是居住者所处空间中心理感受最重要的组成部分。将漆画应用到墙面上，应考虑结合合适的题材和图案，可选用传统图案，也可以将现代元素的图案应用到漆画中，还可将图案景物拼合、重组。题材和图案的表现，应考虑是否符合墙面的整体性的视觉感受。

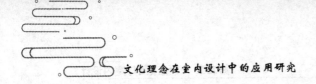

（二）漆画在隔断上的应用

在室内空间中，隔断具有很强的灵活性，如屏风等。在隔断上进行漆画装饰，可以利用隔断的功能，如隔断有遮挡视线的功能，可以充分利用漆画的各种技法和材料，发挥漆画的表现优势，在视觉上抓住人的眼球，吸引观者的注意力。在隔断的图案处理上，可以运用写实的图案，也可以运用抽象的图案，还可以突出漆画的技法，如蛋壳的镶嵌、堆漆、雕漆等，充分发挥漆画在隔断上的应用价值，使这一传统文化在室内空间设计中传达出深刻的文化意蕴，从而达到漆画与室内设计进一步结合的目的。

二、在家具与陈设品上的应用

（一）在家具上的应用

明代的家具一直被人们称为家具中的经典，而从我国古代开始直到明清时期，最主要的家具就是漆家具。漆家具发展到今天，无论是与传统的材料相比，还是图案造型上，都发生了深刻的变化。对于现代家具来说，除考虑实用性，还要考虑居住者对家具的审美感受。将漆工艺应用到家具上，应考虑到家具的结构，要将漆工艺的技法运用到合适恰当的位置，以适应居住者的审美需求。在整个室内空间中，家具是与居住者联系最紧密的物品，今天的家具在使用功能上和广泛性及造型上的多样性，使得家具本身已经实现了实用功能的需求以及形态美的体现。与古代整体髹饰相比，整体髹饰、涂刷已不再是必要需求。如今，应更多地考虑怎样使得家具在现有基础上通过漆工艺髹饰更具艺术感与个性特征。因此，漆工艺在具体的应用中，要考虑家具整体造型与结构的特点，运用各种技法，在恰当的部位或局部使用合理的材料与工艺进行髹饰，提高家具的审美品位，以适应居住者的审美需求。

室内空间中与人接触最为频繁的物品就是家具。人们在日常生活、工作、休息娱乐中，都离不开家具。从生态、环保和健康的角度考虑，与化学合成漆相比，大漆无疑是最有优势的表层髹饰材料，但大漆对操作环境的要求比较高，并且在未干燥时，接触到的人会很容易产生过敏的现象。如能够将大漆与科学技术相结合，改革传统漆工艺技法，在局部装饰以及点缀上运用，同时注意其材料工艺技法的使用要体现室内环境亲切、使人心理感受舒适愉悦及与家具的整体效果取得和谐为主要目标，那么漆画会拥有很多发展空间。

图形在家具上的运用主要分为两类：一是对传统图形的描摹再现和重新组织构成，二是将现代图形的抽象化图形运用到家具中。通常人们根据家具的造型来选择恰当的图形。在视线集中区域一般可使用传统图案，这种传统图案一般在家具表面的中心位置或边角位置，这是由传统图案需要写实的完整性决定的，因为传统图案往往注重整体对称性。人们对传统图案的喜爱、描摹、再现，是因为它背后有深厚的民族文化意蕴。

将传统图案运用到家具上，首先应该从传统图案中提取元素，然后运用打散、变形等构成方法，挖掘其背后的内涵，将这些元素重组。这样不仅能够保留传统艺术的内涵，还能带有鲜明的时代性。

对于现代图形的运用，应依据现代设计的理念，合理安排点、线、面的组合。除了要考虑形体的大小、面积、色彩等诸要素的关系，家具的设计还要体现出现代感。另外，传统漆家具带给人们古朴的情绪，可以在室内设计中来渲染室内氛围，在以现代家具为主的空间环境中摆放几件传统漆家具，诸如茶几、条案、花台等，可对整体空间氛围起到映衬、点缀的作用。

（二）在陈设品上的应用

室内的陈设品，根据不同的位置和不同的形状，主要分为界面悬挂类陈设品、台面摆放类陈设品和空中悬垂类陈设品。将漆工艺应用到这些陈设品上，使这些陈设品具有特殊审美价值。

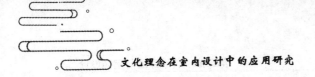

1. 界面悬挂类陈设品

界面悬挂类陈设品中主要包括具有平面形式的漆画、漆艺小品等，可以说它们可以直接体现出主人的审美倾向。漆画作为一种独立的艺术种类，在悬挂时，必须服从整体空间氛围，用漆画进行装饰，也是对空间氛围的表现和强化，也就是说，漆画的装饰要以室内环境为前提，在选择漆画时，对其大小、形式、材质、内容等多方面因素都应与空间功能相结合，进行综合考虑。对于装饰味浓又具有强烈形式美感的陈设品，如可悬挂的挂盘、漆艺小品等，在选择时应从构成的方面，如造型的形式美感和画面的秩序性方面着手，根据材料与肌理的美感及丰富性来表现，这是其区别于其他墙面装饰品的优势。

2. 台面摆放类陈设品

漆器、器皿、漆艺台灯等是台面摆放类陈设品的主要表现形式。从漆艺造型上讲，漆器从制胎、刮灰、打磨、镶嵌到罩漆、推光都极具传统手工艺特征。作为我国民族文化的遗产，漆器是不可多得的收藏品与陈设品。与其他陈设工艺品相比，漆器更具有文化性与艺术性。由于材料和技法都有传统的民族特色，漆器的使用传播也是对漆文化的传承和延续。

3. 空中悬垂类陈设品

空中悬垂类陈设品最大的优点是充分利用了空间，如漆艺吊灯、天棚延伸造型等。作为视觉的中心，它起着丰富空间形态、增加层次的作用。如室内空间中的灯具，人们可以利用漆工艺技法进行髹饰，直接利用漆的本色进行彩绘或平涂，肌理上可夸张，漆色之间、漆色与材料之间的融合与变化可比较丰富，并通过悬挂来实现对整体空间的布局与安排。此外，对漆艺色彩、肌理的选用应借鉴传统漆艺的相应特点，以追求漆艺色彩、肌理表象下文化内涵的传达。对传统漆工艺在家具与陈设品上的应用，也是对漆艺在环境空间中的间接应用与体现，同其在界面上的应用与体现一起承担着对空间氛围的传达和漆文化在人们生活中的传承。

第五节　漆画在室内设计中的定位与发展趋势

一、漆画在室内设计中的定位

传统漆画在室内设计中的定位，应该具有广泛发展的可能性。漆画这门古老的工艺技法作为传统文化融入室内设计中来，包括各种表达形式如磨漆画、壁画、漆家具、漆壁饰、漆器皿等。这些表现形式不仅符合室内设计的需要，还能体现出特殊的审美效果，也能在室内设计中传达出我国传统文化的大气美。而漆自身具有的耐热、防潮、耐腐蚀、绝缘等优势也可以用在室内设计中，如室内装饰材料。大漆的环保性也与绿色环保的室内设计理念相符合，因此漆画在室内设计中的定位是具有广泛发展的前景。

（一）强化空间表现

设计是把一种计划、规划、设想通过视觉的形式传达出来的活动过程。对于室内设计而言，设计的主要对象是界面等空间实体要素。对这些要素的装饰与美化、分隔与连接处理都是为了达到舒适理想环境这一最终目的。而传统漆艺在这里面也是作为一种表现与营造空间的元素。因此，在环境空间设计的具体应用中，有必要把它作为单一设计的文化元素去看待，通过形式美法则进行合理组织与精心安排。而不是仅用近代的图案代替旧式的图案，又或者说所谓的人文关怀就是传统元素的再现，挂几张漆画、摆几件漆器就满足了的。

（二）体现材料特性

漆画的材质特性能够满足人们对审美与生态的双重需求，漆画要走进大众的生活，争取更大的发展空间，就必须发挥漆工艺最具特征与表现个性的色彩、肌理质感等，这是漆工艺最具竞争力的本质。而大漆的

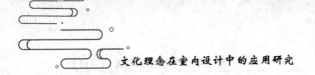

取之于自然与合成涂料的使用便捷在环境装修与装饰领域具有很大的价值提取空间，是展示环境空间创意和体现空间个性的一种最佳形式。

二、漆画在室内空间设计中的发展趋势

（一）漆画材料作为装饰材料的应用

室内设计中，大量的装修材料追求色彩丰富和肌理变化与漆画通过自身工艺技法的综合应用是一致的。漆画的材料作为室内设计中的装饰材料，具有很大的优势。不仅可以丰富空间个性，也是一种生态表达。如大面积的涂、撒，局部打磨等。如镶嵌材料的有机生态性以及环境的天然性等。千百年来漆工艺的发展为人们积累了丰富的经验。这些经验是人们将漆画不断丰富和发展的前提，同时也是漆画与室内设计相结合的根本。

（二）漆画材料与肌理的独立表现

传统漆画在自身材料表现、肌理质感的表现上已初步形成了一整套相对完整的技法语言体系。从服务于室内设计的角度入手看待传统漆画，或者从材料表现的角度思考传统漆画在室内设计中的应用价值，是未来漆画逐步走进生活，改变人们固有观念的发展方向。漆画中肌理、质感与室内空间界面色彩的联系以及对整个空间氛围的营造都是传统漆画作用于室内空间的广阔发展方向。因此，在现代艺术观念的前提下，思考漆画诸要素作为空间表现材料，并运用相应的形式美法则对材料、肌理质感、工艺进行重组与构成表现，进而使人们的生活空间更富有精神感染力。

这些经验积累还无法达到适应室内设计的需要，如果想要漆画成为室内设计中的新元素，还应克服下面的不足。

（1）灵活地将漆画的工艺融到室内设计中，室内设计师和漆艺师加强合作的力度。

（2）在实践中研究新材料、发掘新技法，寻找新思路，从而不断满

足室内装饰材料的环保性和美观性两方面的独特需要。这就要求人们在传统工艺技法的基础上，利用科学技术不断实践并创新。

（3）在学校教育方面，要在学校设计专业中增加漆艺课程的学习和研究鉴赏。

（4）增加交流与合作。主动借鉴外国漆艺多年繁荣的经验，不断增强与其他国家的对外交流与合作。

第三章　木文化与室内设计

第一节　木文化概述

一、中国木文化背景

（一）从钻木取火到伐木造屋

人类认识、接触木材可以追溯到未有文字记载的数万年以前。从原始部落时期，人类钻木取火来点燃茅草到之后以木生火的灶头的广泛使用，从原始人学鸟儿在树上做窝的"构木为巢"到后来发现倒下的大树可以支撑起茅草屋，以此来遮风避雨、驱寒保暖，从而开始伐木造屋。

慢慢地，人类开始越来越频繁地使用木。从商代河南偃师二里头宫殿遗址，到明清传统实木家具的盛行，直至科技高度发达的今天，木材始终是人类建造房屋，制作家具、工具的首选良材。

（二）木独特的品质

中国人自古以来就遵循和谐之道，崇尚自然，由于"木"取之于自然，生产成本低、能耗小、污染少，因而是传统建筑文化中最为重要的组成元素。同时，木的颜色、纹理、质地富有天然的美感与质感，且易于加工和雕刻，具有很好的装饰效果，被广泛地应用于各类设计之中，与人们的生活息息相关、如影随形，是文化系统中独特的、贴近日常生活的社会精神文化的重要构成。

中国人也赋予了木深厚的文化意义，从雄伟精致的木建筑，到精雕细刻的木家具、巧夺天工的木制品，无不承载着中国人的智慧，记录着数千年来中国木文化的历史与发展。

二、木文化的表现形式及分类

木文化的表现形式可以分为无形的木文化和有形的木文化。无形的木文化指人们与木、木材及木质环境相关的思想、行为和活动，这类木文化的表现形式比较难考量。有形的木文化表现非常多样，如木建筑、木家具、木雕、木乐器及木质生活用品等。总的来说分为三个类别：建筑构件、雕刻、陈设品。

木材在中国传统建筑中具有很重要的作用。中华民族对木有深入的认识，能利用榫卯结构搭建起全木质的建筑，如应县木塔。中国传统建筑中两种典型的梁架结构——抬梁式与穿斗式，也都是利用木材进行搭建。闻名全世界的斗拱结构也是木文化的集中体现。木文化在建筑中还有其他的表现形式，如木质匾额、木柱、门窗、隔断、落地罩、楼梯、隔墙等。

木文化在雕刻中直接表现为木雕，其渊源可追溯到新石器时代，在距今 7000 多年前的余姚河姆渡文化遗址中发现过木雕鱼。木雕分为立体圆雕、根雕、浮雕三大类。木雕原为木工中的一个工种，由于木雕的艺术性很强，渐渐地从木工中分离出来形成一门独立的技艺。木雕在选材

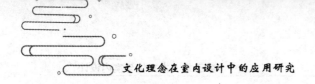

时尤为讲究，一般选用质地细密坚韧，不易变形的树种，如楠木、紫檀、沉香、红木、花梨木、扁桃木、椰木等。这类木材可以雕刻结构复杂、造型细密的作品，其作品具有很高的收藏价值。而松软的木材，如椴木、银杏木、樟木、松木等适合雕刻造型结构简单、形象比较概括的作品。

木文化在陈设品中表现最多的为木质家具，如官帽椅、八仙桌、几、案、橱柜、架子床、鼓墩、榻等，另外还有一些小型的生活用品，如木勺、木碗、木筷、木屐等。

三、木文化的属性分析

（一）木文化的技术属性

木的技术属性最直接的表现为木材的可加工性，通过简单的金属工具就可以达到对木材的切、刨等加工，正是因为木材的这种可加工性，使得在生产力低下的新石器时期，木材就成为人们从事生产和生活的一种基本材料。在周朝鲁班发明了锯之后，木材得到进一步的使用，这也为木文化的发展、木制品的多样性提供了条件。另外，木材的可加工性不受环境、时间的限制，从一定程度上推动了木文化的快速发展。

在室内物理环境的营造上，木文化也表现出很强的技术属性。根据"人＋木＝休"的人文公式，木材所营造的高品质的生活环境，有助于缓解身心疲劳，提高生活质量和工作、学习效率。国内外木材科学研究者对木材纹理与人的生理之间的关系、木材色调与心理图形之间的关系等进行研究发现，木材表面所呈现的 1/f 波谱的性状给人自然、舒适的感觉。有国外教授认为，木建筑与人体的生理特征、心理特征、舒适性等健康指标有密切关系。结合室内物理环境的需要，木材的技术属性主要体现为在室内环境中的调湿、调温、杀菌作用。

室内环境中木质材料具有良好的调湿作用。室内湿度变化会在装修木材内产生湿度梯度。当室内湿度增高时，木材吸湿，当室内湿度降低时，木材开始放湿，从而缓解室内环境中湿度的急剧变化。室内环境中使用较多的木材时，在温度降低导致室内湿度相对升高时，可以保持室内相对稳定的湿度环境。当室内环境中木材的用量较少时，吸湿作用相对较弱，室内墙壁、地面会出现结露现象。因此，通过增加室内环境中木材的面积和厚度，对维持室内湿度有很好的作用。

在室内装修时利用木质材料的不良导体特性，可以明显减少室外气温对室内的影响。木结构房屋在夏季具有隔热作用，在冬季具有保温性能。通过观察木质材料墙壁的温度变化可以发现，在夏季，木质墙壁的室内温度比绝热壁室温低 2.4℃，在冬季高 4.0℃。在室内墙面装修时使用木质装饰材料，可以在一定程度上改善混凝土结构的保温隔热性能。

除了人们容易察觉到的调湿、调温作用，木材中蕴藏的精油使木材具有杀菌作用。有学者研究表明，红桧心材对大肠杆菌、金黄色葡萄球菌等的生长具有抑制作用，扁柏心材精油对金色葡萄球菌、肺炎杆菌及产气性杆菌生长的抑制作用强烈。杉木精油对葡萄球菌、产气性杆菌、绿脓杆菌等多种细菌都有很好的抑制作用。此外，木材中的微量成分对能引发过敏性疾病的螨虫的繁殖有抑制作用。

木材由自然而生，所以在生产过程中减少了能源的消耗，同时表现出易得性。木材来源广、生产过程低耗能也使得木材在生活的各个方面得到广泛应用。

（二）木文化的人文属性

据《礼记·祭法》记载："山林川谷丘陵能出云，为风雨，见怪物，皆曰神。有天下者祭百神。"山林树木给人以神秘感。

后来人们对树木的崇拜不仅限于有生命的树，还扩大到了木材。木材所具有的独特韵味给人一种生机勃勃的感觉，使人感觉到亲切自然。在日常生活中，木制品表现出温雅、优美的特点，并体现出很强的地域性，基于这样的观点，可以认为作为材料的木的意义是把永续的表面存在于木制品内。这些木制品所使用的材料中渗透着匠人的意识与心得，被赋予了一定的文化内涵。

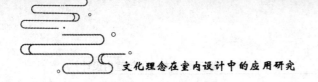

中国古人将自然现象与社会现象做类比，用主观的意向赋予"木"种种意义。"木"在古代代表树，《说文》中记载："木，冒也。冒地而生。东方之行，从草，下象其根。"所以木的人文属性最早是从古人对树的崇拜开始的。"寒木春华"，树木的生生不息与中华民族自强不息的民族性格相吻合，得到古人的推崇。自古以来中华民族就有"尚木情节"。在《春秋繁露》中有记载："木者，春生之性。农之本也。"在五行中，"木"位于东方，代表春天，象征生命力和生长的力量。《白虎通》中记载："五行，木之为言触也。阳气动跃，触地而出也。"江浙地区传统民居中，其明间的四根大柱子分别以柏木、梓木、桐木、椿木制成，寓意"百子同春"。

在郑和下西洋之后，加强了中国与东南亚的海上贸易，大量国外的红木进入中国，因此纹理优美、质地坚硬的红木在明清时期得到广泛应用，受到贵族、文人的热捧。黄花梨木被江南的文人称为"文木"，被赋予独特的人格魅力。鸡翅木在《广东新语》中被称为"海南文木"，又因为种子为红豆，所以又被称为"相思木"或"红豆木"。唐诗"红豆生南国，春来发几枝。愿君多采撷，此物最相思。"通过文人墨客的咏诵，使鸡翅木更加受到文人们的喜爱。文木中所暗含的精神意义正是文化精神在木材中的阐释。木的文化属性是古人运用联想与类比的方式将自然人化，赋予了"木"极其丰富的文化内涵，同时也折射出古人丰富而细腻的情感。在时间的动态变迁中，逐步积淀出一种木文化的精神特质，使得整个室内环境氛围更具张力和感染力。

在现代社会中人们追求一种返璞归真的生活状态。返璞归真的心理背后其实是对自然的向往，渴望与自然融为一体，享受自然带来的清新淡雅。木材由天地孕育，从自然中而来，无疑成为人们与自然沟通的一种媒介。

（三）木文化的艺术属性

木的艺术属性体现在各个方面，对于木材来讲主要体现在木材的光泽、纹理、质感等方面。木材的这些艺术属性由自然生成，具有独特的美感，所以成为室内环境中应用普遍的装饰材料，被称为"最有人情味的装饰材料"。

木材的颜色多为柔和的暖色，以橙色为分布中心形成一个分布范围。不同的颜色给人不同的感受。例如，紫檀木的红紫色，颜色沉稳，黑里透红，颇具沉稳、厚重之美；红影木的红色，温暖、浓郁；黄桦色泽橙黄或红橙色，受江浙一带的文人所喜爱。从微观上讲，木材中的木素可以吸收紫外线，减轻了紫外线对皮肤和眼睛的伤害。木材又具有漫反射的功能，使光线变得柔和。木材的光泽强弱与树种、木材的构造有关。通过对比发现光泽较强的树种有山枣木、椴木、桦木等。

木材的纹理是使人产生视觉美感的主要因素，常见的纹理有直纹、虎斑纹、山峰纹、龙脊梯田纹、行云流水纹、流沙汹涌纹、波浪滔天纹、鬼脸纹等，犹如一幅山水画，意境无穷。《新增格古要论》的文字描述说："花梨木出南番、广东，紫红色，与降真香相似，亦有香，其花有鬼面者可爱。"木材纹理自然、变化多端，易使人联想到大自然的壮丽景色，与古人渴望投身自然的心理产生共鸣，得到古代文人的大力推崇。木材的触觉感包括：软硬感、粗滑感等。软硬感与木材自身的抗压弹性有关。软的触感给人暖的感觉，让人更乐于亲近；硬的触感给人冰冷感。粗滑感与木材纤维的粗糙度有关。粗的触感给人朴实、自然、粗拙的感觉；细的触感则让人感觉细腻、温和、含蓄。

木材不仅在宏观方面表现出艺术性，在微观方面也有极强的艺术性。将木材做切片实验，会发现显微镜下的木细胞在排列上具有优美的视觉美感，而这种美更多是几何形状的美。通过提取木细胞图案，经过艺术处理手法可以在壁纸、面料等方面得到很强的应用价值。

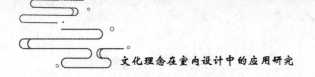

四、木文化中的美学特征

（一）自然之美

魏晋人推崇"简约玄澹，超然绝俗的哲学"特别是在道家"美在自然"思想的影响下，木自然美的意识得以凸显。道家追求"天下有常然。常然者，曲者不以钩，直者不以绳，园者不以规，方者不以矩，附离不以胶漆，约束不以绳索"，这也成为后人追求自然美的一个审美标准。古人追求心与万物融合在一起，用心感知事物的本性，而表面不加任何装饰的木，用最直接的方式展现出优美的纹理和自然的光泽，更容易与心达到一种交融。宗白华先生在《美学散步》中言："一切美的光是来自心灵的映射，没有心灵的映射，是无所谓美的。"古人之所以推崇木的自然之美，除了心灵上达到物我合一，还有视觉上的愉悦感，而这种愉悦感会使人产生联想，从而又会带来一种新的心灵上的感受。如铁力木纤维粗长，少事雕琢，充满古拙、大气、粗犷的韵味，拥有天然的素朴之美。黄花梨木，木材色泽淡黄、黄色、棕黄色，纹理丰富多样，在明代苏式家具中应用最多。由于黄花梨木的这种天然之美，使明代苏式家具成为一种高雅的艺术品，充分体现了"无为而无不为"的"道"。

（二）温雅之美

《士与中国文化》中指出："文化和思想的传承与创新自始至终是士的中心任务。"在明清时期，木已成为文人的一种高雅玩物，江南的文人"将多种纹理天趣、花纹自然、质地坚致的优质木材通称为'文木'"。木于无形中映射着文人温文尔雅的性情，蕴含着文人对它的解读。文人注重精神生活，讲究格调，追求高雅，"丹漆不文，白玉不雕，珠宝不饰，何也？质有余者不受饰也，至质至美"。明代的家具继承和发扬了这一传统，注重展现木材本身的纯朴清雅，注重体验木环境营造的怡然自得的氛围，这与古人追求含蓄、平淡的审美情怀极为吻合。木成为文人承载自己闲情逸致的载体，南京博物馆收藏的一件万历年间制作的书桌上刻着"材美而坚，工朴而妍，假尔为冯（凭），逸我百年"的四言诗。木温润如玉的品性正与古代文人的怡情息息相通，借助文人的社会影响力，对木文化中的温雅之美产生了重要影响。

（三）中和之美

《荀子·礼论》："性者，本始材朴也；伪者，文理隆盛也。无性则伪之无所加，无伪则性不能自美。性伪合，然后圣人之名一，天下之功于是就也。"受儒家思想的影响，中和美在木文化中也有很强的体现。中和之美在物质上的表现就是物的"文"与"质"得到和谐。当木材中的"质"不完美时，如木材的空洞、虫蛀、纹理不美，就要借助人工的修饰——"文"来达到完美。所以早在西周时就已经用色彩来涂饰木构件了，在唐朝时螺钿装饰木材已经开始广泛应用，还有清代，如紫檀嵌竹丝梅花凳。在制作上，利用木材的缺陷巧于构思，化腐朽为神奇。在明清时期，对木的光泽之美达到更高的要求，为了加强木材的光泽之美，使之呈现光滑、柔和的效果，古人往往对木材进行打蜡和刷清漆，"平淡之中隐光彩，光彩之中显平淡"，人工的"文"与天然的"质"相结合使木材更具欣赏性。《髹饰录》中记载"取其坚牢于质，取其光彩于文"概括了"文"与"质"的中和之美。"材美工巧"也从一定程度上反映出木文化中和之美的美学特点。一方面，在木造物的制作前，非常注重木材的选择。另一方面，借助工巧来强化木材的这种天然美，人工装饰与木的天然美感相互补充、相互对比，丰富木制品的美感。

五、木文化中的生态文化

木材被称为绿色装修材料，木材的生态性是与生俱来的，木材本身是可再生资源，不过需要注意合理采伐。并且木材的各个部分都能各尽其用，几乎达到百分之百的利用率。木材的生态性不仅体现在材料本身及获取阶段，也体现在木材在使用过程中所产生的环境效益。

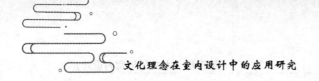

（一）木文化中的生态思想

木材的生态思想是指人类仿效绿色植物，取之自然又回报自然，实现经济、环境和生活质量之间相互促进与协调发展的文化。这种主张在我国有着悠久的历史，《周易》中主张"夫大人者，与天地合其德，与日月合其明，与四时合其序，与鬼神合其吉凶"；老子在《道德经》里主张"人法地，地法天，天法道，道法自然"；北魏农学家贾思勰主张"顺天时，量地利"的农畜产业循环生产的思想，还有宋代张载"民胞物与"等都是追求一种与自然和谐相处的思想。所以木材的生态思想追求的是"天人合一"的生态哲学思想。其应用自然材料的生态精神是生态哲学思想的具体表现。中国传统用木的生态哲理受传统哲学思想所支配，中国古代哲学主要是儒、释、道三大体系，佛教与道教相互渗透，都强调"天人合一"的一元论思想。而《周易》是道教与儒家共同尊奉的书，体现了中国古代朴素的生态观念。它提出宇宙生命的本体理念与生成结构，是天人同构、时空合一、中正和合的思维方式和价值取向。另外，在中国传统的农业社会中，"就地取材"也是体现木材生态思想的一个很重要的方面，将室外与天地同生的木材用在室内环境中，并与人达到一种和谐的关系，也体现出"天人合一"的生态思想。

（二）木材本身的生态性

树木是大自然的恩赐，木材只需简单的加工就可以用于建筑和装修。我国有着大面积的森林，特别是近些年来速生树木的大面积种植，缩短了树木成材的时间。所以木材在原材料的生产和再生性，木制品制作的低耗能、低污染性都体现出很强的生态性。天然的木材不仅不会释放污染物危害人体，而且它天然的纹理在很大的程度上可以满足人们返璞归真的心理。木材在视觉上也具有一定的优越性。这是因为木材表面由无数个微小的细胞构成，这些细胞被剖切后会成为微小的凹面镜，而这些极小的凹面镜所呈现的视觉效果是木材仿制品很难模仿的。所以木制桌面、墙壁等能给人提供一个良好的室内视觉环境。另外，木材具有良好的吸音性能，可以减少声波的反射，减轻噪声对人的刺激。

（三）木材在使用过程中的生态性

木材的生态性主要体现在使用过程中。木材是多孔性的天然材料，具有良好的隔热保温性能。在达到相同的保温要求的情况下，木材需要的厚度是混凝土的十五分之一，是钢材的四百分之一；在使用相同的保温材料时，木结构的保温性能要比钢结构的好。也就是说，木质材料的墙体能减弱室外温度对室内气温的影响，可以减小室内温度的变化幅度，使室内气温保持在一个相对稳定的范围内。专家通过对冬季有暖气的住宅研究得出，用木材装修的室内温度比没有用木材装修的室内温度约高1℃。木材在施工周期上、造型翻修上都有很大的优势。木材建造的房屋当某一部件坏掉时，可以将其替换掉，从而提高房屋的使用寿命。与其他高档人工材料相比，在生产和装修过程中，木材对水和空气的污染较少，使用的能耗低。在拆除以后产生的固体废弃物少，因为拆下来的木材可以二次利用。一些用木材建造的民居也体现出很强的生态性，如井干式木房、竹楼等，都是在与当地环境气候不断融合适应的情况下产生的，无论在通风还是在功能上，都与环境融为了一体。

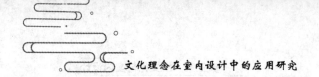
第二节　木文化元素作为不同构件在室内设计中的应用

一、木文化元素作为室内结构构件的应用

（一）斗拱

1. 斗拱的基本构造及作用

斗拱是中国木建筑文化遗产中富有民族特色的关键部件，无论从艺术还是技术角度来看，它都代表着中华古典木建筑的气质及精神。

斗拱，也作枓拱、枓，是斗和拱的合称，如图 3-1 所示，由斗、拱、翘、昂、升组成，存在于殿堂、楼阁、亭廊、轩榭、牌楼等建筑上。在立柱顶、额枋和檐檩间或构架间，从枋上加的一层层探出成弓形的承重结构叫拱，拱与拱之间垫的方形木块叫斗。斗拱由若干个弧形拱件层层累叠、相互搭交而成，既有悬挑作用，又有一定的装饰效果。

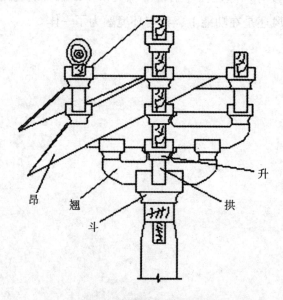

图 3-1　斗拱的基本构造

从功能上看，斗拱是柱与屋顶间的承接部分，承受上部支出的屋檐，将其重量均匀地传递到柱上，是很好的结构构件。从形式上看，它从下至上层层展开，造型精巧、形态美观，使建筑形成"如鸟斯革，如翚斯飞"的态势，也是精美的装饰构件。因此，斗拱对于我国木建筑文化遗产的作用不可小觑。

2. 斗拱在现代建筑设计中的应用

斗拱由于其独特的造型艺术及出众的结构与装饰功能，即使在科技发达的现代社会，依旧散发着耀眼的光芒。

（1）斗拱意向的应用

上海世博会中国国家馆（如图3-2），从古代灿烂的传统木建筑中汲取灵感，以"斗拱"为造型意向。它将繁复的斗拱结构简化为外部形态的立体构成，仅表现木建筑文化遗产中斗拱"榫卯穿插，层层出挑"的构造方式，同时，通过斗拱与立柱的巧妙结合，将力合理分布，使整座建筑物稳妥、大气、壮观，极富中国气质。

图3-2　上海世博会中国国家馆

中国馆对传统建筑元素斗拱作出了开创性的诠释，并大胆革新，将传统的曲线拉直，层层出挑，使主体造型显示出现代工程技术的力度美和结构美。这些简约化的装饰线条，很自然地完成了传统木建筑在当代的设计表达。

此外，斗拱作为中国木建筑文化遗产的典型元素，一直是国外设计师研究和借鉴的重点元素。例如，由日本建筑师隈研吾与 Associates 联合完成的日本木叠咖啡屋（如图 3-3），用木头垒叠而成，形似斗拱，但又不同于它在中国木建筑文化遗产中的繁复精细，而是与中国馆的设计思路一致，用更简洁的现代化线条赋予了木质建筑特有的自然亲和，和谐地置于周围环境之中。

（a）整体图

（b）局部图

图 3-3　日本木叠咖啡屋

（2）作为结构构件的应用

南京南站进站口（如图 3-4）的立柱和雨棚柱上采用了斗拱立柱设计。这里的斗拱区别于中国馆，较为具象，将传统的木构造型与现代建筑结构技术巧妙结合，创造出承力斗拱，形成了庄重巍峨的檐下空间，表现了南京这座六朝古都的文化色彩。此外，柱头顶部斗拱的镂空造型形成光井，锥形光顶泻下的光透过柱头层叠格构的隙缝，勾勒出斗拱清晰的结构层次，给庄重的檐廊空间带来了神秘和愉悦之感。

图 3-4　南京南站进站口

（3）作为装饰构件的应用

斗拱造型丰富，形式多样，雕刻精美，从古至今都是很好的建筑装饰构件。斗拱方形的斗和升，曲线体的拱和翘，与其他直线曲线相交的造型组成了自身独特的形状。从整体上看，有的如一朵朵盛开的花朵，在延伸建筑空间美的同时，展示着时代的繁荣与昌盛，有的又如一只只飞燕，欲托起朱楼碧瓦，增加了建筑宏伟的气质和挺拔的形象。

3. 斗拱在现代室内设计中的应用

室内设计中对斗拱的应用很早就已经出现。在上海世博会上中国馆的外形以及室内的部分装饰不同程度地利用了斗拱的形式创造出符合中国传统建筑斗拱的美学样式，同样室内设计的斗拱样式也从简单向多种样式转变，斗拱的结构也开始由箱板式结构向框架式结构转变。在这个转变过程中，框架式斗拱照搬了建筑中梁柱构架的结合方式和造型特点，有的甚至直接取用了建筑斗拱构建的做法。

将斗拱运用于现代室内设计时，斗拱失去了原本保护柱础、台基、墙身免受雨水侵蚀等作用，更多的是经过现代艺术加工或色彩美化后，成为很好的室内装饰构件，具有很高的美学价值。在现代室内设计时，斗拱多应用于公共室内空间，如贵阳北站大厅（如图 3-5），立柱顶端的斗拱很好地分担了吊顶的重量，同时夸张的造型将立柱得以延伸，让整个开阔的空间显得雄伟、壮丽。

图 3-5　贵阳北站大厅图

（二）屋顶

木建筑以木结构为主，一般由台基、构架和屋顶三部分组成。不同于现代建筑丰富多变的外立面，木建筑墙身的装饰较为平淡，更多地将重点放在屋顶的塑造上。

1. 木文化的屋架结构及其在现代室内设计中的应用

（1）屋架结构的表现形式

中国封建社会等级制度森严，不仅体现在历法制度上，在木文化中同样有明显体现。木文化屋架结构表现形式多样，从高级向低级分别为重檐庑殿顶、重檐歇山顶，其次为单檐庑殿、单檐歇山顶，再次是悬山顶、硬山顶、攒尖顶、卷棚顶、半坡顶。

（2）屋架结构在现代室内设计中的应用

木文化屋架结构大多应用在办公空间、公共空间等层高较高、空间较为开阔的场地。图3-6为某公司会客室的实景图，吊顶采用的是顶的简化形式，搭配灯带、筒灯等现代照明技术，拉伸了层高，呈现出轻松舒适的办公环境。图3-7则为传统屋架结构的变形形式在体育场馆中的应用。它摒弃了木文化中生硬的屋架线条，将富有弹性的檐口曲线进行衍生，结合建筑物本身的屋顶造型，形成一道道优美的弧线。

图3-6 某公司会客室

图 3-7　体育馆顶棚设计

2. 木文化的挑檐及其在现代室内设计中的应用

（1）挑檐概述

挑檐，即房檐，俗称瓦檐，是指屋面挑出外墙的部分，一般挑出宽度不大于 50 厘米。挑檐除了帮助屋面排水、对外墙起到保护作用，还具有很强的装饰作用。从结构技术来看，挑檐主要以梁头出挑承担载荷，辅以插拱、水束或斜撑等加以稳定檐部结构。古代建筑的屋顶是身份和权势的象征，有宫殿、寺庙等建筑金光熠熠的琉璃瓦屋顶（如图 3-8），也有白墙青瓦的民用建筑（如图 3-9）。由于其梁架形式与稳定支撑体系存在地区性差异，挑檐做法也相对形成具有地方特色的丰富变化，包括插拱式挑檐、斜撑式梁头挑檐、简单梁头式挑檐等。

图 3-8　琉璃瓦屋顶

图 3-9　福建民居挑檐

（2）挑檐在现代室内设计中的应用

　　且不说岔脊上形式各样、雕刻精致的鸟兽，单单这极富木文化特色的挑檐便是现代室内设计中常用的元素。

　　现代室内设计，特别是公共空间设计中，追求室外景观室内化、回归自然化。在以江南民居为主题的餐厅、茶馆的设计中，可以引入江南民居典型的建筑元素——挑檐，如作为包厢的门头，拼加木料处理，组成数道优美柔和的线条，宛如徐风轻拂下湖面荡起的微波（如图 3-10）。同时，搭配青砖白墙以及古朴的木门、花格，更是体现了江南水乡清、淡、雅、素的艺术特色，为整个空间增添了浓郁的地方文化氛围。

图 3-10 挑檐在茶馆设计中的应用

家居设计在"80后""90后"为主的年轻潮流大背景下，个人主义日渐浓厚，个性化的家居空间趋于主流。在设计实例中，设计师在起居室设计时，将中式传统建筑元素与西方地中海风格混搭，以干净的白色为基调，素雅的挑檐加上木结构建筑吊顶，搭配零星鲜艳的马赛克和圆形门洞，两者之间柔和过渡，不会觉得突兀，反而使原本庄重的空间灵动起来（如图3-11）。

图 3-11　混搭风格家装设计

　　也有设计师通过挑檐将室内过道向外延伸，形成木文化中常出现的檐廊空间（如图 3-12）。这从视觉上拉伸了过道的宽度，同时搭配其他装饰元素，形成了别致的室内小景。

图 3-12　挑檐的应用

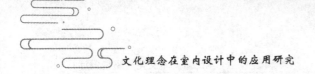

（三）门窗

作为木文化的眼睛，传统门窗向世人传达着木建筑文化遗产的灵魂，是中国传统建筑实用性与艺术性完美结合的最佳体现。传统门窗在造型、结构上独具特色，在装饰上彰显民族文化。它是一种时代的象征，随时代变迁而不断改变，并以独特的方式在现代室内设计中得以应用。

1. 木文化的门

门是伴随建筑的诞生而来到这个世界的，古时称为"户"，是历史最为悠久的建筑构件之一。

木文化中的门可以概括为两大类：一类是独立式的门，其本身多以单体建筑的形式呈现，称作板门；另一类是格扇门，它是建筑物包含的门，属于建筑内、外檐装修的范畴。

（1）板门

板门（如图 3-13），是宫殿、寺庙、宅第等院落直接对外的大门，又称中式大门，主要作用是防御，一般由下槛、中槛、上槛、抱框、门框、腰枋、余塞板、绦环板、裙板、走马板、门枕、连楹、门簪、门扇等部分组成。

图 3-13　板门

板门是结构与装饰的结合体，其本身就是对整个建筑的艺术加工。雕刻精致的"门枕石"，且不说它的造型或是图案装饰，单单其本身，就是一个装饰。门扇上排列整齐的门钉、具有保护作用的看叶、丰富多样的门环、形式多样的门簪，都具有实际功能，无一不可装饰，又无一不是装饰。拼合门板时固定用的横向的腰串木整齐有序地排列，既有实际功能，又成为一种装饰。

（2）格子门

格子门（如图3-14），出现于唐末、五代，又称隔扇、格扇，古代称阖扇，是建筑物朝向院落、天井的外门或内部隔断。因为其透光、通风，可拆卸的特点，同时有较强的装饰性，所以被广泛使用。

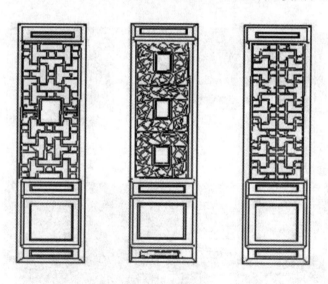

图 3-14 格子门

格子门分横拉式和推拉式两种。宋代或之前木建筑文化遗产中的格子门多为横拉式，后来推拉式格子门较为普及。格子门一般由中间的横条腰串（清代称为索腰）、腰串之上的格眼以及腰串下安装的障水板三部分组成。有些为了增加亮光，调整格眼和障水板的比例或者腰串上下皆为格眼，取消障水板；也有些整扇门都是格眼，没有腰串和障水板；

亦有些只有障水板、格眼，没有腰串。

2. 木文化的窗

木文化的窗可分为两大类：小木作的窗和什锦窗。

（1）小木作的窗

小木作的窗（如图 3-15），包括直棂窗、槛窗、支摘窗、和合窗、横披窗等。唐代以前以直棂窗为多，可固定但是不能开启。宋代开始，窗在类型和外观上都有了很大的发展。槛窗由格子门演变而来，又称格栅窗，施于殿堂门两侧的槛墙上。支摘窗是北方民居常用的外檐装修，它的花心样式丰富，具有浓厚的生活气息和地方特色。横披窗是门窗之上固定的横长形的高窗。

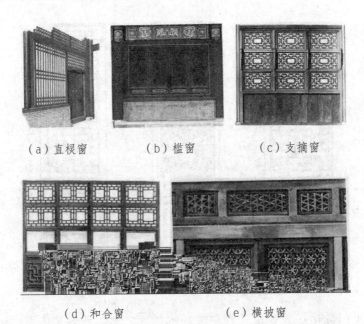

（a）直棂窗　　　　（b）槛窗　　　　（c）支摘窗

（d）和合窗　　　　　　（e）横披窗

图 3-15　传统窗

（2）什锦窗

什锦窗，即漏窗，用于建筑的外檐墙、山墙和庭院围墙上。什锦窗主要用在园林建筑中，形式极其丰富，苏州园林中扇面、月洞、双环、套方、梅花、五角、八角等复杂而美观的漏窗形式，直到今天依旧值得借鉴。

3. 传统门窗在现代室内设计中的应用

木文化的门窗是民族艺术的精华，凝聚了几千年沉淀下来的木文化内涵，具有文化性和历史性，同时，其精美的雕刻、丰富的图案给人赏心悦目的视觉感受，具有大众性和艺术性。传统门窗集实用性和装饰功能于一身，是十分宝贵的木文化遗产，对它的保护和发展任重而道远。

受后现代主义设计思潮的影响，从酒店、茶楼、饭馆到当代家居等的室内装饰，设计师将我国木文化的门窗艺术之伟大成就充分继承且加以创新，让人们透过当代室内空间中的传统窗饰艺术形态，体味中国建筑文化遗产，表现中国木文化的寄托。

（1）墙柱面的装饰

室内墙柱面是表现传统图案的主要部位。传统门一般作为装饰元素出现在背景墙上，如图3-16中将成对的格子门以屏风的形式置于墙的两侧，中间装饰壁纸或是水墨画，形成古色古香的传统中式风格。也有如图3-17所示，将整扇格眼的格子门镶嵌到墙内，配条形灯带加以渲染，并利用新型的大理石干挂技术，营造出现代与传统相融合的新中式风格。

图3-16 传统门在卧室背景墙上的应用

图 3-17　传统门在电视背景墙上的应用

（2）隔断的运用

隔断是传统门窗在现代室内设计中运用最多的一种界面形式（如图3-18）。由于隔断通常起到既分隔又联系空间的作用，所以将传统门窗镂空的造型运用到现代室内装饰中，无疑是当代建筑装饰手法在传统基础上的创新。同时，隔断虚实参差的半实体表现形式，也为传统门窗提供了很好的表现载体。

图 3-18　传统门作为隔断的应用

在现代室内设计中，将传统格子门连接形成屏风，也是其作为隔断或者墙柱面背景的具体应用。

（3）门窗造型的直接应用

传统门窗由于其本身的艺术性和装饰性，可以直接将其造型加以应用或者做部分形式和内容的调整后应用。现代室内装饰采用的门窗和木文化中的门窗相比，舍弃了烦琐的门窗装饰纹样，结合室内界面的整体风格，简化变形。如图 3-19 所示，原本复杂的门钉、门簪等都被删减，只保留了传统板门的形状以及极具代表性的铺首，并根据现代门的形式将双开变为单开，配合浮雕花板墙面，营造出古典磅礴的气势。

图 3-19　传统门的直接应用

（4）天花、地面的应用

传统的窗花由于空间序列感强、造型美观，可以将其原汁原味地引入天花或地面来做精彩的点缀，也可以将门窗元素进行重构后与现代的装饰材料，如玻璃、金属等紧密结合，打造现代新中式风格的装饰形式。

（四）雀替

1. 雀替概述

雀替（如图 3-20），外形轮廓呈三角形，原本为两块连做，被置于建筑的横材（梁、枋）与竖材（柱）相交处，是起结构作用的木构件，后单独"骑"在柱头檐枋下，不起承重作用，只是装饰构件。雀替有龙、凤、仙鹤、花鸟、花篮、金蟾等各种形式，形似双翼附于立柱两侧，极富装饰趣味，是结构与美学相结合的产物。

图 3-20　雀替

另有花牙子，属于雀替的一种，是具有雀替外形的一种纯装饰性构件。花牙子有木板雕刻型和棂条拼接型两种，木板雕刻型有卷草、梅竹等，棂条拼接型花样多为几何纹，空灵剔透，精巧别致。花牙子常与木挂落组合应用于现代室内空间。

2. 雀替在现代室内设计中的应用

在现代室内设计中，雀替常被用在气势恢宏、庄严肃穆的公共空间。如图 3-21 所示，安徽九华山大愿文化园弘愿堂融入了木建筑文化遗产古徽州民居的空间特征，如内厅每根立柱与横梁相交处的东南、东北、西南、西北四个方向都有雕刻精美的雀替，与周围花格、木雕花板等相映成趣，突出了"圆明""清净""洗练"的美学思想。现代中式家居常将花牙子应用于背景墙设计（如图 3-22），用对称的手法将镂空隔扇置于背景墙两侧，中间放木雕花板或是其他木线条，搭配两角的花牙子，显得工整、大方。

图 3-21　安徽九华山大愿文化园

图 3-22　花牙子在背景墙上的应用

（五）藻井

1. 藻井概述

藻井是殿阁、厅堂上方的一种穹隆式天棚，它是木建筑文化遗产中等级较高的室内顶棚装饰手法，多用于寺庙、宫殿之中。北京故宫太和殿上的蟠龙藻井（如图 3-23），当中为一突雕蟠龙，垂首衔珠，称为龙井，是清代建筑中最华贵的藻井。北京天坛祈年殿九龙藻井（如图3-24），由两层斗拱及一层天花组成，中间为金色龙凤浮雕，结构精巧，富丽华贵。

图 3-23　故宫太和殿藻井

图 3-24　天坛祈年殿藻井

藻井由上、中、下三层井式结构组成，分别是上方下圆以象征天圆地方，中间多为八角井或四角形。藻井构造主要通过井口的趴梁加抹角梁一层一层跌落从而由方形变为八方形，再由八方形变成圆形，各层井口均有雕饰和斗拱。

2. 藻井在现代室内设计的应用

藻井形式多样，图案优美，将其应用于现代室内顶棚空间时，能起到一定的装饰作用或是被赋予一定的功能性，如中间使用透光材料，能增加采光等。在对藻井应用的过程中，斗四、斗八、圆井、方井等形式可以根据内涵及造型的需要进行大胆变革。

谈到藻井在现代室内设计中的应用，不得不提及常沙娜先生设计的人民大会堂宴会厅（如图 3-25）。常沙娜曾在 2007 年敦煌壁画继承与创新国际学术研讨会上讲道："人民大会堂宴会厅的天花板和门楣装饰，其风格来源于敦煌唐代藻井装饰，以类似盛唐莫高窟第 31 窟藻井的莲花为元素，结合了建筑结构、灯光照明、通风等功能的需要，以石膏花浮雕的形式，组成人民大会堂特有的民族形式的装饰风格。"莫高窟第 31 窟藻井图案如图 3-26 所示。重新装修后的宴会厅，图案风格取材于敦煌莫高窟第 320 窟的藻井图案（如图 3-27），采用藻井团花元素进行再创造，既体现了中国传统文化，又充满现代气息，符合人民大会堂庄严凝重、雍容大方的装饰风格需求。

图 3-25　人民大会堂宴会厅

图 3-26　莫高窟第 31 窟藻井图案

图 3-27　莫高窟第 320 窟藻井图案

　　此外，藻井还通过简化变形，并通过与现代材料、技术的结合，应用于公共空间。走进山东博物馆，首先映入眼帘的便是宏伟的金色大厅（如图 3-28）。整个大厅顶棚采用传统藻井的形式，中央部分悬贴了晶莹剔透的回字形玉璧，玉璧中部的圆孔对应着穹顶透光部位，自然光由此投泻下来，营造出逾越时空，亦真亦幻的美妙感觉，非常符合博物馆的主题。

图 3-28 山东博物馆金色大厅

二、木文化作为室内装饰构件的应用

（一）木雕花板

1. 木雕花板概述

木雕花板是木文化装饰艺术中最为常见也是最为重要的一种。木建筑文化遗产中的雕刻艺术始于对部分建筑构件的装饰加工，使之符合建筑审美的需要，久而久之，便成了建筑中不可缺少的部分，并融于整体建筑中。木雕花板除了前面提及的传统门窗，还包括其他内外檐装饰性木雕。

木雕花板有精细、复杂的图案，如戏剧、传说、人物故事、神话等，也有简洁、流畅的线条，如明代的木雕花板，古朴而文雅。雕刻技法有浮雕、透雕和圆雕。

2. 木雕花板在现代室内设计中的应用

（1）复兴传统型

木文化中的木雕花板装饰风格浓郁，观赏性强，可以直接作为装饰构件应用于现代室内设计之中。如前面提到的将传统门窗直接用于现代仿古风格室内，真实地营造出一种回归传统的氛围。

（2）扩展传统型

木雕花板在木建筑文化遗传中，除了装饰作用，也承载着木结构的作用，是木建筑文化遗产不可或缺的一部分。然而，其在现代室内设计的应用中，通常只是室内装饰风格的组成部分，是中式风格的代表装饰部件，如作为隔断、墙柱面装饰，或将浮雕的木雕花板以墙面装饰画的形式装饰沙发背景墙。

（3）重新诠释传统型

在保留木雕花板体现中国传统文化的基本元素的基础上，对基本元素进行再创造，采用现代设计手法，打破传统木雕花板的装饰纹样，进行简化变形再造，利用古代木文化符号来体现现代设计风格。这是目前应用范围最广的一种。

（二）木挂落

1. 木挂落概述

木挂落是额枋下的一种构件，由外框和花屉组成，其中花屉可以是用棂条拼做成各种图案的心屉，也可以是镂空的雕花板。木挂落是建筑中装饰的重点，常为透雕或在其表面赋以彩绘。例如，晋商院落的典型代表乔家大院（如图3-29），光是门楼木挂落就有大小14件，另外，还被广泛应用于室内。木挂落又称"楣子"，两柱间的是"倒挂楣子"，置于坐凳之下凳脚之间的是"坐凳楣子"。

图 3-29 乔家大院的木挂落

2. 木挂落在现代室内设计中的应用

木挂落被广泛应用于中式风格室内设计之中的电视背景墙装饰（如图 3-30）。在现代家居设计中，常将木挂落作为一种艺术手段，或结合花牙子、隔扇等，形成墙面装饰艺术。此外，木挂落运用在门洞的设计中，可将室外小花园相对"动"的空间与室内起居室相对"静"的空间分隔开来，这样动、静的分隔，一方面做了简单的分隔过渡，另一方面也起到了美化空间的作用。

图 3-30 木挂落在家居设计中的应用

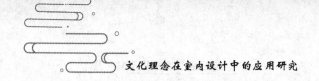

（三）门洞罩

1. 门洞罩概述

门洞罩，顾名思义是一种置于门洞的花罩，它根据门洞形式做成圆罩、八方罩、方罩等。它由槛框和心屉组成，心屉花纹图案由硬木浮雕或透雕而成，具体分为两类：一类是单一图案的排列组合，如宫葵式、冰片式、菱角式等；另一类是没有规律性的花纹，称为乱纹嵌结子。

门洞罩作为一种装饰符号，不只是表面装饰，而且是功能性的。它与隔扇、屏风、帷幕等一起构成了木建筑文化的空间分割手段，使室内空间流动变化，并由这种变化带来不同的使用功能。

2. 门洞罩在现代室内设计中的应用

古往今来，门洞罩都是用于分割性较强的空间，这样的空间用门阻断性太强，但是没有任何阻挡区域便缺少了划分，门洞罩的出现既沟通了两个空间，又有一定区分。另外，它是极富装饰性的室内隔断件，其中花罩尤为精美，装饰意味也尤为浓厚。

最为常见的是在中式风格的设计中（如图 3-31），门洞罩作为餐厅与客厅、客厅与书房或者其他性质相近区域的划分工具，镂空的门洞罩安装在门洞上，使空间开放流通而不封闭森严，让空间组合的处理达到很高的境界。也有赋予其新的意义的设计。如图 3-32 所示，设计师保留了门洞罩的造型特征，与两侧的博古架进行组合，同时设计师突发奇想，将木雕花板置于门洞罩中央，既很好地解决了客厅电视背景的设置问题，也巧妙地联系了两个空间，具有浓郁的木文化底蕴。

图 3-31　门洞罩应用于门洞的设计

图 3-32　门洞罩应用于电视背景的设计

（四）匾额

1. 匾额概述

匾额是木文化中的重要组成部分，一般挂在门上方、屋檐下，做装饰之用，反映建筑物名称和性质，表达义理、情感之类的文学艺术形式。大到宫殿、皇家园林，小到私人宅府，正门上必须有匾，也有四面有匾的。

匾额是中华民族辞赋诗文、书法篆刻、建筑艺术的综合体，包括堂号匾、牌坊匾、祝寿喜庆匾、字号匾以及文人的题字匾额等。悬于宅门则端庄文雅，挂在厅堂则蓬荜生辉，装点名胜则古色古香，描绘江山则江山增色。

2. 匾额在现代室内设计中的应用

传统匾额大而笨重，色面单调，"凸"形字严肃庄重，"凹"形字呈回文状，不适合现代室内装饰。而如今匾额的造型各异，色面丰富，做工精制，注重与室内空间和装潢相协调，张扬人的个性，满足了当代人的审美要求。匾额与对联、绘画、书法作品等文人艺术一起，营造出中国传统建筑的氛围和意境。

图 3-33 为中式餐馆包厢内的设计，它应用了宫殿木建筑中的题字匾，由色彩绚丽、金碧辉煌的匾额、屏风和雕龙立柱形成的背景是室内的重点装饰和视觉中心，起到画龙点睛的作用，增强了室内环境的富丽感。图 3-34 为传统民居门厅（门官厅）的现代演绎，中央的老牌匾烘托出房屋主人的地位和深厚的文化底蕴。

图 3-33　匾额在中式餐馆包厢内的设计

图 3-34 匾额在民居门厅中的应用

(五) 吴王靠

1. 吴王靠概述

吴王靠是一种下设条凳，上连靠栏的木制建筑。通常建于房屋廊道或亭阁的临水一侧，除休憩之外，更兼得凌波倒影之趣。由于其伸向外侧的靠背断面流线弯曲似鹅颈，因此又称"鹅颈靠"，古时美女凭靠而坐，也称"美人靠"。苏州园林、徽州民居中，吴王靠比比皆是。

2. 吴王靠在现代室内设计中的应用

重庆巴渝风情风味楼（如图 3-35），是极具地域特色和时代特色的。它将西南古代文化遗产及少数民族文化遗产中优美而奇异的装饰元素，用现代手法进行诠释，例如中央大厅的吴王靠，巧妙地将一楼大厅与二楼走道连通，在"雨"的顶棚形象下，仿佛呈现出巴山夜雨中传统酒楼热闹繁荣的景象。

图 3-35　重庆巴渝风情风味楼

　　此外，在一些中式仿古设计的公共室内空间（如图 3-36），保留了吴王靠的传统造型艺术，但是其使用功能发生了翻天覆地的变化。原本用于休憩、观赏风景的条凳，转而成了顶棚装饰，"假二层"的造型提升了整个室内界面的层高，同时，做旧的栏杆与古木格栅相得益彰，毫不突兀，反而增添了几分人文内涵。

图 3-36　吴王靠装饰顶棚

第三节 木性材质在室内设计中应用的原则与策略

一、木性材质在室内设计中应用的原则

（一）审曲面势，材美工巧

《周礼·考工记序》中提出："审曲面势，以伤五材，以辨民器，谓之百工。"其含义是指百工在造物时需认真审视材料的形状、质地、色泽、肌理等因素，充分了解材料的特性。经过严谨而全面的思考，作出准确的设计谋划，根据材料自身特质进行加工，在实现功能的基础上最大限度地展现材料本身独特的魅力，制成良器从而为百姓所用。中国传统建筑居室、家具陈设所用材料以"木性"材质为主，因此对于木材的选择和使用尤为讲究，特别注重根据木材的特点因材施技。从"十围之木，不可盖以茅茨，棒棘之柱不可负于广厦"（《刘子·均任第二十九》）中可以看出古人会根据木材特点决定其用途，扬其长避之短，充分体现了古代造物设计在选材时的科学合理。

明朝文震亨在《长物志一卷六·几榻》中记载："小橱有方二尺余者，以置古铜玉小器为宜，大者用杉木为之，可辟蠹，小者以湘妃竹及豆瓣楠、赤水、楞木为古。黑漆断纹者为甲品，杂木亦俱可用，但式贵去俗耳。"从这段话的描述中可以看出，不同木料适用制作的家具类别不尽相同。例如，松樟、杉木因木料通直，防潮性佳，质地便于加工，因此常用以门窗、橱柜的制作当中；黄杨树由于木质光洁、纹理细腻、色彩古朴厚重，常用作雕刻或木梳、印章等小件陈设物的制作；楠木作为中国特有的珍贵木材，受到历代皇室贵族的喜爱。李时珍在《本草纲目》中描述："楠木生南方，干甚端伟，高者十余丈，巨者数十周，气甚芬芳，为梁栋器物皆佳，盖良材也。"古代宫廷建筑十分讲究用材华贵，楠木因

质地坚硬、色泽金黄华丽，且防腐防蛀性能极佳，被广泛用于宫廷建筑或帝王陵殿的建造之中。例如，明代棱恩殿室内梁、柱、檩、枋等大木构件全部采用粗壮的金丝楠木制作而成，古色古香的本色楠木使得大殿呈现一派华丽气质。而湘妃竹则因其油光温润的蜡地、自然形成的圆晕斑点排列有致、花纹色浓且层次分明，素有"不雕而饰"的美誉，尤其适于制作较为精致的家具，为康熙至雍正时期家具和陈设品常用的材料。在雍正"十二美人图"中的《博古幽思》和《消夏赏蝶》中，出现了大批用湘妃竹制成的家具。

除了优质的木材，古人还强调运用卓越的工艺深化器物的美学和艺术内涵。《考工记》中记载："天有时，地有气，材有美，工有巧，合此四者，然后可以为良。""材美工巧"是中国古代造物设计的重要美学思想，要求工匠充分理解和掌握材料特点，并根据其特点进行创造和表现。能工巧匠可以通过高超的技艺将木性材料的材质之美充分展现，使家具的功能和形式有机结合。明代家具的制作达到了我国古代细木工作的顶峰，成熟时期的明式硬木家具制作包括开料、刨料、开榫、凿花、刮磨、打蜡等数十个环节。家具构件的粗细大小、弧度的缓急顿挫、线脚的凹凸转折等都恰到好处，显示出此时期精湛的木工技艺，这也是明式家具成为中国传统木作家具集大成者的重要原因。

（二）五材并举，酌盈剂虚

中国自古以来保留着深厚的尚木情结，在营造居室、家具时主要选用木材作为原料。但由于木材本身存在一些固有的缺陷，如天然的易燃特性，且容易受到湿气、虫蛀等侵蚀，造成材料腐朽、翘曲、开裂等现象。为了增加木材的耐久性，古人采用"五材并举"的做法，借助土、石、金属、大漆等材料弥补木材自身的不足，这些材料除了能强化木材的功能属性，还可以起到良好的装饰作用。

1. 与土材的结合

木和土是中国古代传统建筑运用的最古老的两种原料，远古时期，木构建筑主要采用夯土式地基，夯土做名词释义为一种密度较大、结实厚重、缝隙较少的压制混合泥块。这种土材不仅可以为建筑提供坚实的地面支撑，还能在一定程度上有效隔绝来自地下的湿潮空气对建筑室内木柱、木墙的侵蚀。土、木材料在性能方面相辅相成，共同构筑了中国早期的高台建筑，《国语·楚语》中有着"高台榭，美宫室"的记载。事实上，除了建筑，中国传统室内空间中的许多木质陈设构件也都需要与不同形式的土材结合，可以起到防潮、防火的作用，从而增加器物的耐久性。据考古发现表明，早在新石器时代，人们为了防止室内立柱被取暖用的火塘灼烤，便会将泥土涂抹在柱身表面，商周时期，人们也会在檩椽木构件上刻意涂上草筋泥以防火灾。元代《王祯农书》中记载："先宜选用壮大材木，缔构既成，椽上铺板，板上傅泥，泥上用法制油灰泥涂饰，待日曝干，坚如瓷石，可以代瓦。凡屋中内外材木露者，与夫门窗壁堵，通用法制灰泥污馒之，务要匀厚固密，勿有罅隙，可免焚锹之患。"由此可见，古人将土和木材的结合这一方式留存了数千年之久。

2. 与石头的结合

木柱是建筑和室内空间环境中极其重要的承重构件，由于柱子根部埋在夯土地下，易受湿气影响造成底部受潮而腐烂。因此，早在新石器时代，人们就已经将木柱底端部分与石材结合形成柱础，从而达到防潮的效果。类似的做法也出现在了门槛、门框、栏杆等陈设之中，古人习惯在这些与地面直接接触的固定陈设构件底部垫一块石板或砖石，从而防止木材因受潮而过快腐朽。除了表达实用性，石材也可作为纯装饰陈设运用于家具之中，如一些小件的玉石材料常被镶嵌于家具陈设之中，起美化作用。由于重量、体积、加工工艺及运输等诸多条件限制，对于中国古代相对落后的经济和技术条件而言，将石材大面积地运用到室内空间陈设中显得较为难得。一般作为面板材料，多用于宫廷家具或高档家具之中，如清代的广作家具使用石材较多。常用的石材包括青石、白石、黄石、大理石、花斑石等，在桌案、座屏、柜门以及坐墩的面板部位最为多见。石材的选择上，以表现山川烟雨的自然图案为上品，力求表现出水墨画中山水氤氲的艺术效果。

3. 与金属的结合

传统室内陈设中，金属材料在木质陈设中主要作为金属饰物起到装饰家具或其他构件的作用，这一点在古埃及的家具陈设中体现得淋漓尽致。如图坦哈蒙法老墓出土的黄金座椅，除背部和座面使用木质嵌板，其余构件全部采用黄金覆盖包裹，华丽夺目，极具装饰色彩。此外，还有一些镀金木扇、权杖等也都采用黄金与优质硬木材料结合的手法打造而成。在中国传统室内陈设中，与木材陈设搭配使用的金属材料主要采用青铜、黄铜、白铜、黄金等。早在春秋时期，人们就发明了用以保护房屋木质构架的铜制防护件，称作"金红"，多用于如横梁木构件的转角和接口处，起到加固、装饰的作用。明清时期，金属在日用家具陈设中的用途十分广泛，如橱、柜、箱、椅、屏风等都有体现。这些金属构件名目繁多、造型各异、功用有别，如锁插、套脚、牛鼻环、合页、面页、吊牌等。并且所有金属饰件均会采用焊接、锤合、錾花等工艺，打制成精美的花纹图案，与家具造型整体风格相契合，不仅起到加固器物的实质作用，还能给家具陈设增加装饰美感。金属材料的华美色彩和纹饰家具陈设的木材质地肌理形成鲜明对比，使得器物的质感更显多元与精致。

4. 与大漆的结合

大漆又名生漆、土漆，是一种由漆树生成的天然树脂材料，经加工制成的大漆成品漆膜坚硬耐磨，涂饰在器物上可以隔绝空气中的水分，并且大漆所含毒素能有效防止滋生虫蚁，是一种很好的天然防腐涂料。中国早在7000多年前的河姆渡文化时期就已经出现了漆碗，春秋时期的《诗经》中记载了"椅桐梓漆，爰伐琴瑟"，说明当时漆材已经开始运用在木琴之上。唐代诗人李绅的《过吴门》中有"朱户千家室，丹楹百处楼"两句。其中的丹楹意为使用朱漆涂饰过的立柱，在这里借指华丽之居。清代的苏作家具由于硬木原料稀缺，经常采用小件碎料的拼接工艺或使用杂木为骨，硬木包贴表皮等手法，因此这类家具多使用油漆涂饰，不仅可以防止木材受潮发霉，还能掩盖木质良莠不齐的缺陷。可以看出，古人对漆材的使用从未间断，且基本围绕木制器物展开。例如，河南信阳出土的战国黑漆六足大床、湖南马王堆汉墓出土的大量漆器餐具、山西大同出土的北魏彩绘漆屏等，不胜枚举。这些漆器几乎全部采用木胎或夹纻胎（用麻布粘贴在预制木材表面制胎）制作而成，木材借助大漆良好的防腐性和装饰作用，使得这些器物虽呈现的风格不一，但都彰显精致的华丽美感。

（三）重己役物，致用利人

《墨子·鲁问》曰："利于人谓之巧，不利于人谓之拙。"强调好的造物设计一定是有利于人的。墨子是战国初期伟大的思想家，手工业者，他的造物设计审美标准是"尚用"，认为器物应该具备实用的功能，从而满足广大百姓的生活所需，并将实用作为评价美的标准。这种"格物致用"的造物贯穿中国古代的历史，体现了古人的智慧。战国末期思想家荀子提出"重己役物，致用利人"的造物思想，意为所有造物活动产生的器物均要为人服务，对人能够产生价值，强调人对于物的主宰地位，人不能被物驱使、为物所累。西汉文学家刘安在《淮南子·齐俗训》中提到的主张是"器完而不饰"，主张好的功能已经达到了美的形式，无须多加修饰。与之类似，东汉王符也提出："百工者，以致用为本，以巧饰为末。"这些观点都极力强调器物的实用性，也是中华民族传统造物设计人本思想的集中体现。

清代文人李渔在《闲情偶寄·器玩部》中记载的一款木制暖椅极具实用价值，如图3-37所示，是古人"造物致用"的典型代表器物。暖椅前后置门，两旁实镶以板，臀下足下俱用栅。用栅者，透火气也；用板者，使暖气纤毫不泄也。类似的多功能椅具还有很多，如故宫博物院研究馆员胡德生先生在山西民间考察时见到的箱式冷暖椅（如图3-38）。

全器采用山西当地盛产的阔叶木材制作，椅面不用实木坐板而采用镂空权格，三面座围，攒框镶板，中间高，两边扶手较低。座面下的柜门可以开合。酷热夏天可往柜内放置冰块或凉水，以解暑热，到了冬寒时节，可放置炭盆，以供取暖。为使导热或受冷均匀，使用时须往座面上搁置一块薄瓷板，人坐在此椅之上，可谓冬暖夏凉。于细节处彰显出合理的实用功能，着重考虑使用者的需求，体现了"重己役物，致用利人"的设计思想。

图 3-37　清代暖椅

图 3-38　箱式冷暖椅

（四）物以象德，器以载道

《周易·系辞上》曰："形而上者谓之道，形而下者谓之器。"这说明，在古人眼里，一件优秀的器物陈设不仅通过其造型和纹饰表达造物者对于形式美的认识，更是突破了普遍的物质意义而传达"无形之道"。任何器物的产生都不可避免地代表所处时代、民族的审美观念和价值取向，因此带有各种制度、观念、文化的属性，具备某种象征意义。《周礼·考工记·辀人》记载："轸之方也，以象地也，盖之圜也，以象天也，轮辐三十，以象日月也，盖弓二十有八，以象星也。"将车子的不同部位对应天圆地方、日月星辰等天象，这与古人朦胧的宇宙意识紧密相关，使车子的制作与宇宙运动的规律联系在一起，虽是简单的比附，却也蕴含制器尚象的朴素造物思想。《论语·为政篇》记载："子曰：君子不器。"从造物设计的角度来看，应解释为君子不应该拘泥于器物的制作手段和表象特征，不该被其用途和使用方式所束缚，而应该思考器物本身隐含的无形之道，透过现象领悟本质，对待造物要有深度的理解和思考。

中国古代器物的象征意义是以传统文化为基础的，作为组成阴阳五行之道的"木"元素，由于其性温而坚专，既有生长、伸展、升发的寓意，又带有柔和、屈曲之性，充满生命气息。《黄帝内经》中描述木材的特性是"周遍流行、阳气舒畅"，有万物兴旺的美好寓意，受到人们的广泛喜爱，这也是古人热衷于使用木材制作生活中众多器物陈设的原因之一。

中国古代的顶部天花多为木质构造，其中藻井是重要建筑顶部装饰的一种处理手法。一般由多层斗拱组成，由下至上不断收缩，将建筑顶部凹进如井状荷、菱、莲等藻形纹饰，故名藻井。形成下大顶小的倒置斗形。古时建筑大多为木质，火克木，为了压制"火魔"，人们便将殿堂楼阁顶部做井状处理，四周饰以水藻纹样，希冀用表示"水性"的物象克制火灾，以祈天佑。东汉文人应劭在《风俗通》中记载："今殿作天井。井者，东井之像也。菱，水中之物，皆所以厌火也。"现存最为繁

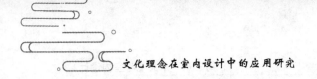

复华丽的藻井当属故宫太和殿的蟠龙藻井，飞檐翘角，层层出挑，配以彩绘纹饰装缀，雕刻精细，异常华美，烘托出了帝王宫阙的庄严与华贵。井中巨龙口衔轩辕明镜，寓意明镜高悬，也是皇权受命于天的象征。藻井的魅力体现在高超的结构技艺和丰富的文化寓意两个层面，一方面，藻井采用斗拱承托，榫卯相接，细密层叠，错落相组。最终呈现四角、八角、圆扇等形状，千变万化，引人入胜。另一方面，藻井上圆下方的形制暗合古人的宇宙观，即天圆地方，也是阴阳学说、天人合一思想的一种体现。

二、木性材质在室内设计中应用的策略

在当今时代背景下，人们对于生活空间的要求呈现多元化的趋势，不再局限于强调功能方面，而是倾向于体现情感关怀和提高空间的文化内涵。木性材料作为一种代表生机、自然的天然材料，具有温润的质感和丰富的视觉表现力，以木材为代表的木性材料不仅可塑性较强，且与其他建筑装饰材料有良好的适应性。木材和其他木性材料，如竹、藤、绿植等，被广泛运用于当代室内空间陈设环境的营造之中。毫无疑问，在新技术飞速发展的背景下，木性材料在室内设计中的应用形式和装饰手法会愈来愈丰富多样。

（一）移植原生形态，营造自然气息

1. 整体材质运用

室内空间陈设中对于木性材料的整体运用是指针对自然生长的木性植物，采用直接引用或重组后应用的手法将其整体形态引入室内陈设之中。例如，高大挺拔的树木、郁郁葱葱的翠竹、随风飘荡的芦苇等物象，借助这些材料自然、质朴的造型风格，可以营造出原生态的天然陈设空间语境。可通过对材料单一形体的合理运用，使其成为室内空间中装饰陈设的视觉焦点，或采用多个形体组合排列的手法，制成隔断、屏风等围合界面陈设，既可以起到划分空间、阻隔视线的作用，又能打造自然、

静谧的空间氛围。对于整体木性材质的运用重点在于突出自然材料与人、空间之间的良好互动，提升空间意境，表达出对自然、纯朴生活的向往。

2. 局部材质运用

木性材料形态除了以整体形式运用到室内设计中，还可以通过选择、裁切、贴等手段提取局部材质形态，作为界面隔断、家具、摆件等陈设物的材料。由于保留甚至突出了材料本身的天然质感和色泽肌理，所以可以产生独特的视觉美感和空间内涵，在某种程度上，能更好地体现设计师的意图。例如，对于木材横、纵、斜截面的截取，不同方向的锯切处理可以得到形态各异的肌理图案，根据实际所需装饰效果，将其应用到茶几、椅凳、桌子等家具中。除了木材，竹材的肌理、竹节、材色等也可以经选择提取后运用于装饰陈设中，例如竹材的肌理纹饰通过印染等方式可运用在墙面壁纸装饰中。位于浙江杭州的公望美术馆，设计师选取毛竹的肌理元素，将其印制在馆内的清水混凝土墙面上，呈现出一种类似水墨点染的肌理视觉效果，使冰冷生硬的墙体多了一份生态、自然的气息。

（二）沿用传统工艺，承袭地域文化

在人类文明历史的发展过程中，不同地区和民族对于营造建筑和室内陈设都有着各自鲜明的特征。这在很大程度上是受制于生产力和技术水平的落后，人们往往只能够就地取材，而每一种材料都有其局限性，正是这种限制使得人们在材料的运用中产生了更加深入的认识和理解。为了尽可能地突破材料的限制，生活在不同地区的人们创造出了各式各样的工艺技法，这些传统工艺凝聚着劳动人民的智慧和经验，也是地域文化特征的代表。因此，在室内空间陈设中，为了营造特定的地域风格，可以在陈设的处理手法上沿袭传统手工艺进而实现这一目的。

1. 传统木作建造工艺

关于木性材料的传统工艺种类繁多，大致可分为建造工艺和装饰工艺两类。建造工艺主要是以木、竹为原料，在以中国为代表的东方传统木作工艺中，建造工艺多以榫卯结构为主，而不同国家地区对于材料和结构的选择也有着各自独到的理解，但都彰显了当地特有的地域文化，斗榫合缝、转折嵌合之间凝结着几千年来传统营造手艺文化的精髓。例如，越南芽庄一个高档度假村中的方屋温泉池（如图 3-39），整体建筑风格保持着东南亚原生态的自然气息。木材框架保留了榫卯构造工艺，顶部留出圆形开口，屋面材料选择当地盛产的椰子树叶层叠覆盖，整体风格富有当地的工艺特色。东南亚风格的室内陈设风格注重手工艺和原始材料，如原木、竹、藤、麻等材质的运用，营造出浓郁的热带风情。越南由于地处热带地区，气候炎热多雨，因此这一地区的建筑和家具多体现出隔热、防潮等特点，散发出自然、清凉的舒适体验。竹材建筑造型丰富，以自由的屋顶造型和灵活的平面布局为特色。将传统竹材建造技术引入现代室内陈设中，既可以表达对传统工艺的尊崇与敬畏，又能很好地体现出具有典型越南地域特征的文化元素。

图 3-39　越南芽庄方屋温泉池

2. 传统编织装饰工艺

除传统建造工艺可以应用在室内陈设中，木性材料的传统装饰工艺在室内空间尤其是软装陈设中同样应用广泛。传统装饰工艺主要是指采用雕刻、编织、剪贴、镶嵌等手法对家具陈设起到美化装饰的效果。这些手工艺门类地域性较强，在不同地区呈现出鲜明的地方风格和民族特色，且都承载着当地的历史文化。将其合理运用在当代室内空间陈设中，不仅可以延续传统手工技艺，还能作为一种地域文化符号在现代人的日常生活中展现出独特的魅力和价值。如将四川成都瓷胎竹编运用到室内插花的花瓶陈设中（如图3-40），既可起到保护器皿的作用，又能对家具陈设起到很好的装饰作用。因瓷胎竹编素有"精选料、特细丝、紧贴胎、密藏头、五彩图"的技艺特色，是成都地区非常独特的传统手工艺，以精细见长，清朝时主要用于贡品，极具地域辨识性。可用于花瓶、茶具、笔筒等小件陈设物的表面装饰，既可以给陈设器物赋予传统的装饰味道，也为室内增添了一种独特的地域文化内涵。相比瓷胎竹编以平面编织为主的手法特点，浙江东阳竹编则是以立体编织见长，并结合烫金、镂刻、印花等琢饰工艺，呈现出江南水乡柔和精致的风格特征，竹编造型图案多体现吉祥如意的美好祈愿，将生活与艺术通过竹编工艺完美结合。

图3-40　瓷胎竹编

（三）巧妙搭配组合，丰富装饰效果

在室内空间中，点、线、面是人们能感知到的基本造型元素，通过单体或组合、静态或动态的表现方式诠释着空间的形体架构、装饰风格和精神内涵，带给人不同的感受。室内空间中各陈设要素的形式美感主要依附于陈设材料的质地、色彩、肌理、形状来实现，因此，材料的形

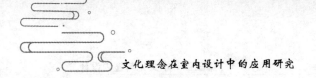

态单元特征对空间的美感会产生重要影响。对于木性材料而言，通过合理运用点、线、面等形态，突出表现装饰材料的质地、形状和肌理美感，将其应用到室内界面或家具陈设中，根据组合方式的不同，可创建出丰富多元的空间环境氛围。

1. 木性材质中点元素的运用

点在几何学上的定义是指只有位置，而不存在面积大小的图形。而在设计构成中，点的概念则有所不同，专指相对较小且集中的形态，属于造型的基本元素之一。点的数目及分布形式能够带给人不同的心理感受，例如单一的点具有聚焦、吸引人目光的作用，两个点在适当的距离表现出类似相互牵引的张力性，而连续多个出现的点则会给人一种节奏韵律感。此外，点的分布有轻重、疏密、虚实等变化，不同的组织手法具有不同的装饰效果。对于应用在室内空间中的木性材料来说，木、竹、藤等材质的垂直截面趋向于圆形的点状。通过合理排布组织可产生规则化的秩序感、平静感，或无序化的自由感、律动感，将其运用于墙面或装饰画中可起到活跃环境氛围的效果。在室内空间中，"点"是相对而言的，与其周围其他物体的比例和它们在造型中所起到的作用有关。因此，除了木性材料的截面圆状造型可视作实体形态的"点"，材料的质地、色彩、肌理等也可抽象为"点"。例如木性材料在与大面积异属性材料背景（如石材墙面）的对比中可以形成强烈的反差，进而具有把握、控制所处空间范围的中心效应。

2. 木性材质中线元素的运用

线是点的集合，是指具有长度、位置和方向的几何图形。在室内空间中的形态丰富多元，具有强烈的方向指示感，对于人的视觉和心理影响较大。根据线的形状可大致分为直线型（水平线、垂直线、斜线）、曲线型（规则曲线、自由曲线）两种，而按照线条的排布、组织方式可总结为规整型和自然型两类。不同的线条给人带来的感受不同，规则的直线能产生整齐、稳定的秩序感，而自由的曲线则带给人一种柔美流畅的视觉感受。木性材料在现代室内空间陈设中的应用可以通过各种线的形态呈现，进而营造出动静结合、虚实相生的陈设空间效果，如直线型木材灯具、曲线型藤材摇椅、弧线形木质楼梯扶手等。木性材料除了能通过实体造型表示"实体的线"，形成明确的视觉感，还可以通过材料的肌理、质地、色彩等形成抽象的"虚体的线"，如绿化盆景错落有致的外轮廓可以形成自然、流动的柔和线条，丰富空间的视觉美感。

3. 木性材质中面元素的运用

"面"是由线的轨迹组合而成的，相比点和线，"面"在室内空间中通常占据的比例较大，影响着室内环境整体的装饰效果。线型的木性材料，如木、竹、藤材等经由等间距、有次序的排列组合后可形成"面"，根据最终呈现形态不同，面可分为直面和曲面两大类别。其中，直面给人平稳、整齐的空间感受，但同时也略显呆板、生硬。而舒展流畅的曲面造型则会给人带来生动、活力的视觉体验，如曲线型的天花吊顶。为空间或家具陈设带来流动性和指向性，起到引导人们视线的作用。"面"的面积大小也会影响人的视觉感受，形体较大的面给人以开阔、扩张感，较小的面则呈现内聚、收敛感。

4. 木性材质中点线面组合方式的运用

室内空间陈设中，一切家具和界面装饰都可概括为点线面的基础造型元素，通过巧妙的组合搭配方式呈现出空间的整体装饰形态效果。包括木性材料在内的所有装饰材料也正是通过点线面形式元素的合理配置设计，才使得材料本身赋予了丰富的视觉效果和特定的情感内涵特征，进而营造出多彩的环境氛围。利用木性材料的多种表现形式可以创造出不同的空间陈设基调，如点状的材料横切片、线型的原木、竹藤条以及面状的木材、竹青表皮等。通过合理的艺术加工和提炼再设计，将这些材料构成要素按照形式美法则通过不同形式的组合排布，如长短对比、方圆搭配、肌理反差、凹凸造型变化等手法，可以达到丰富的视觉装饰效果。譬如藤材的最大特性是易于弯曲的可塑性，因此，在以藤材为主

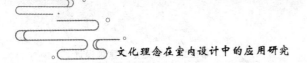

要装饰材料的室内陈设空间设计中，可以直、曲结合的线型藤材家具表现为主，配合排线成面的装饰界面形成对比，辅以点状藤材切片制成的装饰画，使得空间中的陈设形态更加灵活、和谐、格调一致。

（四）革新材质技艺，拓展应用形式

技术更新是当今时代发展的必然趋势，为了更好地实现和满足人们的使用功能和装饰需求，木性材料在现代室内空间陈设中的应用需要做到与现代技术相适应，通过现代化科技手段增强材料属性，革新材质的工艺手法，从而更大限度地将木性材料自身的优良特性发挥出来。

1. 发掘木性材料属性

在将木性材料运用到室内空间陈设的过程中，需注重增强材质属性，使之更加符合现代室内空间对于防火、防潮、防腐蚀等的要求。根据实际设计需要，改变材料的形态、肌理、色泽，以获得更广的应用范围和形式。例如，民间手工艺——秸秆装饰画采用废弃秸秆材料制作，是源于中原地区一项古老的纯手工传统技艺，作为陈设装饰品，具有较高的欣赏价值。但传统的制作方法由于技术限制，对于材料的处理做工粗陋，导致秸秆画成品效果呆板，不够精致。20 世纪 90 年代，在将熨烫技法融入制作过程后，使麦秸画的工艺产生了飞跃，其表现性也大幅增强，产生了崭新的立体绘画呈现效果，相较传统的麦秸画，具有更加清晰的层次和更为自然的光感，极具艺术美感，非常适合家居和公共空间的墙面装饰。

随着科技的发展，人们对于木性材料的加工处理方式也从传统手工艺逐步转变为以机器参与加工为主。木材质地硬度高、韧性强、可塑加工性能好，且经过处理的木材防腐性能好、容易维修保养，但透光性较差，因此，在传统的灯具设计中，对于木材的利用多限于用作支撑固定结构，如灯座、灯架等，而无法作为灯罩使用。但随着近年来木材加工工艺的进步，人们对于木材的加工厚度有了更大的操控性，甚至可以将木材做到接近透光的地步并运用在灯具设计的灯罩部分中。如日本灯具

设计师创作的 LED "木灯泡"，放弃了传统的玻璃灯罩，而是采用松木材料，经传统车削工艺加工，最终将其打造成极为单薄、光滑的木质表面（厚度为 2～3 毫米）作为灯罩。暖色的松木灯罩配合内置的冷光源 LED 灯泡，当灯光透过灯罩时就会产生一种木头被燃烧起来的奇妙视觉效应，木材表面漂亮且精致的质地纹理被灯光烘托，显现出来，可以营造出暖意十足的室内空间氛围。

2. 打破传统结合方式

木性材料虽然具备很多优点，但正如其他材料一样，存在自身劣势，在室内空间陈设的实际应用中难免会表现出部分不足和缺陷。以木材为例，其天然的肌理、柔和的光泽、温润的质感等优点使木材在大部分类型的家具设计中成为首选的材料。但它也具备一定的局限性，如颜色表现较为单一，易变形翘曲以及维护保养烦琐等。且传统的木材榫卯连接工艺并不能很好地适应大规模工业化生产方式。借助其他材质与木材进行创新混搭，扬长避短，可以使两种或多种材料之间形成有机互补结合。在创新木材与其他材料结合的过程中，一方面需要熟悉木材和其他材料的物理、化学特性，进而选择适合的搭配连接方式。另一方面，要敢于打破对材料的固有认识思维，大胆尝试与新材料的结合形式，通过协调材料之间造型、色彩等要素，赋予室内陈设新的结构、审美特征。

（五）创新表现手法，塑造空间意境

随着当代社会物质以及精神生活水平的提高，人们对于室内空间的要求不再局限于丰富而舒适的陈设环境，而越来越强调对于室内空间艺术氛围的追求，注重综合利用形式美法则和各种材料语言营造空间主题、情感，进而表现出空间的意境内涵。"意境"一词源自中国古典文论中的用语，特点是指人的主观情感与客观情景相互交融而形成的艺术境界，能激发人们的想象并从中获得审美愉悦。如今，"意境"已然成为具备现代意味的重要审美范畴，在室内空间陈设中，意境的本质是文化的综合体现，也是主人个性化语言的彰显。意境的营造主要凭借空间形态、环

境光线、材料的肌理质地等，这些构成要素综合建立起的室内空间或陈设能带给人无尽的联想，进而产生愉悦的精神体验。木性材料作为天然材料的代表，极易引发人们对于自然的想象和心理体验，通过一定的表现手法合理利用木性材料的形态、质地、色彩、纹理图案的等诸多元素，可以产生一种无声的情景环境，表达出特定的意境格调和文化内涵。

1. 象征手法

象征原指文学创作的一种重要表现手法，是根据事物之间存在的联系，使用具象的客观物体形象表达抽象的思想、情感和意境。在室内陈设领域，不管是空间的硬件设施还是软装陈设，均无法做到如实描绘、体现人们的情绪和思想。因此，采用象征手法借助具体可感知的一些形象语言可以表达出人们具有高度概括性的抽象思维、情感特征，从而营造兼具审美意味和丰富内涵的空间氛围。象征手法在室内陈设中的应用方式多种多样，如空间布局形态、环境色彩及光线、装饰材料质地等，既有形象指代，又有暗示、联想。利用材料的形状、色彩、肌理等进行象征表现能够引导审美主体收获更为深层次的愉悦审美体验。象征手法在室内木性装饰材料中的应用含蓄温婉，每个人自身文化背景、所处地域环境、内在感知等因素不尽相同，因此对于空间传达出的"意境"有不同的感受理解，这也使得空间更具多元化的艺术性，契合了中国传统美学中"象朦胧，意朦胧"的意境特征。

2. 夸张手法

夸张在文学写作中是指为了达到某种表达效果，运用丰富的想象力，对事物的形象特征、程度、作用有意夸大或缩小，以求达到增强表述效果的修辞手法。在当代室内陈设中，采用夸张手法处理木性材料的形态、肌理等元素，同样能够起到增强空间装饰效果、烘托环境氛围、为人们营造更为强烈的视觉感受。夸张手法在木性材料中的应用，主要表现为利用材料独特的形态、色彩、突变的纹理质地等辨识度较强的外观特征进行夸大或缩小，使之成为空间中较为精彩的设计部分，以增强表现力，提升空间张力性。但夸张不等于浮夸，不能脱离实际任意虚饰夸大，需要根据空间的需求选择与周围环境适配的呈现方式。

3. 造景手法

造景是中国古典园林中的一种设计手法，利用环境及其他构成要素创造出想要的园林景观，"景"是由包括形象、体量、光线、色彩甚至气味等多种因素组合构成。造景的目的在于引起人们对于空间的广泛联想，从而营造无限的意境。当代室内陈设，可将造景手法应用在木性装饰材料之中，通过不同材料形态之间的有机搭配，结合空间布局和灯光效果等要素，构建整体场景空间，力图营造出具有特定主题、情感、文化的室内空间。如木性材料借助一定的布景手法可塑造出畅游园林、诗画山水、漫步林荫等美好的意境体验，强调材料与观者的互动，借助有限而直观的视觉场景引发人们无限丰富的联想，从而获得更为鲜活的空间感受。

4. 留白手法

"留白"一词是指在古典书画艺术创作中，为使作品画面或章法协调有序，而刻意作出空白，给欣赏者留有足够的想象空间，创造一种言有尽而意无穷的境界。使用留白手法在当代室内陈设中组织木性材料的设计搭配，在保证功能合理的前提下，选择空间局部陈设重点突出木性材料的质地、纹理细节等美感特征，替代杂乱无章的烦琐装饰布局，有利于调节空间秩序。在室内设计中刻意留白的做法自古有之，唐朝诗人白居易被贬为江州司马时，曾在庐山建一草堂，据《庐山草堂记》记载："木斫而已，不加丹；墙圬而已，不加白。砌阶用石，幂窗用纸，竹帘，伫纬，率称是焉。"文中描述了木、竹、苎麻等木性植物材料，且都未作修饰，取其质朴自然之感，与留白表现手法有着异曲同工之妙。透过草堂的装饰材料，也反映出诗人宁静淡泊的品行志向。现代室内陈设中，在遵循"少即是多"的现代设计趋势原则下，通过刻意营造虚实结合、有无并存的空寂意境，以留白的方式将陈设空间韵味留给观者，让

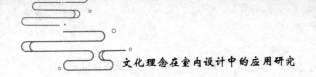

人们结合自己的经历，在联想中与空间产生情感共鸣，从而做到以更少的陈设元素呈现更为开阔的空间意境。如选取原生树枝的自然轮廓，保留粗糙的质地肌理，搭配素色的背景，制成装饰画或玄关陈设，寥寥数笔即可勾勒出简约与空旷的意境之美。以留白的方式带给观者无尽的想象，让人细细品味其中之道，给人更为简约、纯粹、直白的空间感受。

第四章 雕花纹样文化与室内设计

第一节 传统雕花文化概述

一、雕花纹样中的文化底蕴

从古至今，雕花纹样在我国建筑的装修中，一直是一个不可或缺的元素。在亭、台、楼、阁、榭、轩，门、窗、厨、柜、案、几、楣等处，都有它的身影。雕花纹样在建筑装修中的应用，使得建筑无不增添玲珑剔透、古朴幽雅之感，同时增添了古建筑构造巧夺天工、绚丽多姿的色彩，使之更具古朴、奢华、清新、脱俗的格调。在雕花图案的取材上，往往选用一些历史典故、戏曲人物、花鸟虫鱼、日月星辰等。由图案的表象，通过比喻、双关、谐音、象征等艺术手法引出其中内在的深刻的吉祥寓意。

大浪淘沙，在中华5000多年的文化传承中，雕花艺术创作在建筑的室内装修中，积淀了不少优美的作品，不同地域又彰显了不同地域自身所具有的独特的艺术特色。

论华贵奢华，不得不提明清皇家宫殿以及豪绅富贾的私家园林。从图 4-1（a）来看，故宫的雕花设计在选材上，不乏庄重富贵之感，尽管经历了百年的岁月洗礼，但是富贵之气与皇家风范仍不减当年。而从图 4-1（b）来看，园林雕花纹样的选材上，虽不及皇家宫殿的富丽堂皇，但清新脱俗之气相得益彰，古朴之中不失典雅。

（a）雕花艺术在故宫室内装修中的应用

（b）雕花艺术在园林室内装修中的应用

图 4-1　雕花艺术在室内装修中的应用

从图 4-2 来看，雕花纹样在现代室内装修中也广泛应用。在现代的家居装修中，引入的雕花纹样，既保持了其原有的艺术气息，也对其进行了突破创新。古典与现代元素相融合，使得现代家居在保持时代气息的同时，也不失古朴大方的气息。

图4-2　现代室内装修中雕花纹样的应用

我国传统文化讲求"天人合一"，崇尚自然，与自然相融相生，所以几千年来，我国多以木构架建筑房舍宫府，形成了我国独特的木建筑文化。而雕花纹样在我国传统装饰艺术中更是独树一帜。从地域特色来看，由于我国地域辽阔，不同的地域涌现了各自独有的特色。具有代表性的有浙江东阳雕花、广东金漆雕花、温州黄杨雕花、福建龙眼雕花，人称"四大名雕"。其他种类如南京仿古雕花、曲阜楷雕花、永陵桦雕花、苏州红雕花、剑川云雕花、泉州彩雕花、土海白雕花等，都是因产地、选材或工艺特色而得名，有的历史悠久，具有较高的工艺水平和传统特色，能工巧匠，树帜各地；有的虽是后起之秀，但雕花技艺日趋精湛，造型也日臻完美，具有鲜明的地方特色。这都是中华民族独特气质和文化素养的表现，是我国劳动人民勤劳和智慧的结晶，也是中华民族对世界文化遗产的杰出贡献。

二、传统雕花纹样的渊源与发展

我国雕花工艺历史久远，在对距今6900年的浙江河姆渡文化遗产的考古发掘中，出土了雕花木桨、剑鞘、圆雕、木鱼、鱼形器柄等文物。

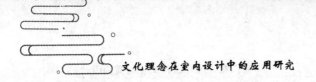

木鱼周身阴刻着环形纹，细腻、清晰，其造型生动活泼。这足以证明，我国的雕花工艺可以追溯到 7000 年以前，在那个时候，人们的祖先所创作的雕花艺术品不仅具备观赏功能，而且具备实用功能。

3000 年前的殷商时期出现了建筑雕花。雕花与木架结构结合，进入了"大木作"的初始阶段。

随着历史的进步与时代文明的发展，明清雕花逐渐进入其发展的鼎盛时期，雕花的内容多以人物故事、山水、花鸟、走兽四大部分为选题题材，在雕刻技法上，包括了圆雕、透雕、双面雕、镂雕、阴阳雕等多种工艺。通过不同的表现手法，将雕花作品中的典故、人物、花鸟鱼虫表现得淋漓尽致、栩栩如生。雕花纹样这一创作技法常被用于家具、门窗上，往往式样平平的物件，经雕花修饰后也会光彩熠熠，充满生机，此中的雕花手法更是起到了画龙点睛之效。再者，通过选题题材自身的吉祥寓意，更会让居住和使用者心情舒畅，气氛祥和。

1949 年之后，室内装修中的雕花艺术发展更加迅速。随着改革开放进程的加快，国民对生活起居的质量要求大大提高，在室内装修上，更加追求文化底蕴和历史气息，雕花艺术无疑是一种不可缺少元素的。同时，伴随着与外来文化的结合，逐渐为室内装修中的雕花艺术注入了活力。

三、传统雕花纹样的种类

(一) 具有传统意义的图样

从古至今，受传统文化的感染，人们赋予很多生物不同的寓意，如众所周知的龙喜水、凤喜火，人们都会雕刻龙和凤表示龙凤呈祥，龙凤呈祥被应用到很多地方，比如结婚时新娘、新郎穿的龙凤褂，很多广场、公园的纪念碑上也雕刻有龙和凤；很多人们的居住宅门口都会放雕刻的狮子，在人们眼里，狮子凶猛、威震四方，是百兽之王的代表，具有镇宅、辟邪的作用；三只羊代表了三阳开泰，象征着求好运；爆竹代表经过一年，家庭殷实，生活富裕，因此有"爆竹声中一岁除，春风送暖入屠苏"的千古名句。寓意年年有余的纹样如图 4-3 所示。

图 4-3 寓意年年有余的纹样

（二）简单的抽象几何纹样

几何样式都是由简单的点构成线，线构成面，面构成体的。虽然这些点、线、面都是由简单的元素构成，但是将这些简单的元素采用一定的逻辑概念组合成特殊的纹样，比如简单的线，组合在一起就可以组成惟妙惟肖的图案，简单的面就可以组成一幅气势恢宏的壁画，简单的几个圆圈就可以雕刻组成一张意境唯美的山水画，因此都是用简单的图形描述抽象的几何纹样。例如，大理多边形与圆形纹样组合的图案（如图4-4）。

图 4-4 大理多边形与圆形纹样

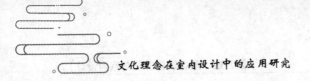

（三）形象的生活纹样

生活图样的素材都是源于生活，正所谓艺术源于生活，并高于生活，最开始从事雕刻的都是民间的小作坊，他们为了谋生，做一些雕刻纹样的用品，他们没有丰富的经验，也没有美术功底，因此他们的素材来源都是生活中显而易见的东西。例如，正在吃竹子的大熊猫纹样（如图4-5），将熊猫可爱、憨厚的形象进行了渲染；水中游走的鱼儿纹样，将自由自在觅食的小鱼儿进行了形象生动的绘制；含苞待放的花朵纹样，描绘出了大自然中生机勃勃、一片生机盎然的景象。因此，生活纹样更能贴近人们的生活，展现人们的生活。

图4-5　吃竹子的熊猫纹样

四、传统雕花纹样的艺术性与装饰性

（一）传统雕花纹样的艺术性

传统雕花就是传统手工艺术的一种类型，并且属于雕刻的范畴，他区别于传统的二维层面绘画，雕花是三维立体造型的展示，通过手工雕刻，将图样进行形象的展示，现在一般都是在木材质上进行展示，随着雕花艺术的广泛应用，雕花依附的材质也在不断扩大，不仅仅是传统的木质，还有在石头、金属、玉器、塑料上进行雕刻，根据不同的材质、不同的应用场合，雕花艺术家设计出不同的雕花纹样。具有雕花纹样的装饰品，不仅具有传统的艺术美，更不失大气，超凡脱俗，并且图样不会随着时间的变化产生变化，图样具有永久性，历久弥新。

　　然而，在雕花艺术家眼中，世界是一个立体的世界，是有造型的世界。无论这些造型是烦琐还是简单，都会通过体积造型表达出各个立体个体所独有的内在创意。在雕花创作中，体积的饱满感、凹凸感、高低错落感都能折射出最直接的实在意义和空间感。雕花艺术家就是从自身对世界的细致观察与切身体验来寻找自己的创作灵感，然后再通过自己的创作手法将这些灵感借助于作品完全抒发出来。

　　由图4-6来看，通过空间立体感，将蟠龙的纹理、鳞片、祥云等，表现得错落有致，饱满的龙身，丰硕的龙体无不体现出蟠龙的力量感与灵动性。而祥云造型则将蟠龙腾云驾雾、叱咤云间的行为表现得栩栩如生。作品自身给观赏者一种兴奋、激动、飞跃的艺术感。这不仅是一幅雕花作品，更是艺术家自己通过观察、体验得来的创作灵感的完全展露。

图4-6　雕花创作中的立体感

（二）传统雕花纹样的装饰性

　　我国传统雕花纹样的装饰区别于西方国家复杂、大胆的艺术展示方式，而我国的传统雕花纹样一般都是用简单的雕花来展示复杂的图案，对于人物的勾勒，我国的雕花艺术家一般都是采用简单的几何图形进行勾勒，没有发达肌肉的展现，更没有夸张的面部表情，一般都是表情严肃，眼睛通常是用一条直线来表达，从而展现出中国传统的朴素美与神圣美，而西方国家的艺术家一般会将人物表情、肌肉骨骼形象地表现出来，这就是中国传统雕花纹样与西方国家的不同之处，也正是我国传统雕花纹样的特别之处，在雕刻过程中不拘一格，不受任何条件的约束，更没有任何模板的参照，所有的图纸都是通过想象得到的，艺术家将所思所想雕刻出来，自然、简单地展示出要表达的场景。

如图4-7所示，通过三维空间上的组合与堆叠，将竹与鹤相结合，创作出一幅富有意境的画面，画面寓意美好、深刻。在构图上，显得那么和谐、自如。在具有观赏性的同时，也不失装饰性。

图4-7　装饰性雕花艺术作品

第二节　传统雕花纹样与室内设计

一、传统雕花纹样与现代室内设计的关系

（一）雕花纹样可以营造一种新的艺术氛围

在室内环境中，一件成功的雕花纹样作品，总是承载着或多或少的空间含义。可以营造一定的艺术氛围。雕花具有艺术性和装饰性。若单单只从一件雕花作品来看，其中所蕴含的艺术气息，更多的是艺术家创

作思想与灵感的真实写照。但是，当从整个室内环境的方面来看雕花纹样作品时，由雕花纹样作品中所表达出的，更多的是作品本身具有的效果，在室内装饰中应用雕花纹样给人一种舒适感，并且能够赋予人们一种美学的感受。

室内陈设雕花，其雕花本身也占有一定的三维空间，同时又是艺术的载体。雕花空间首先是指雕花装饰品在家庭摆设装饰中，占有一定的体积；其次就是雕花装饰本身在雕刻上就具有三维效果，也就是展示的时候是三维展示，区别于具有三维体积，但是二维展示效果的山水画。室内雕花装饰可以显示出清新、高雅的气质，客厅中摆放雕花，给人高端、大气的感觉；卧室中衣柜、床等采用雕花设计，给人一种幽静的感觉；在书房内摆放雕花装饰，会使书房更加有意境，古色古香。

如图4-8所示，雕花纹样在室内装修中的应用比较广泛。首先，卧室中雕花纹样的镂空效果，既保证了卧室的采光与通透性，又保证了住户的隐私。而书房中的雕花纹样，更多的则是体现文化气息，沉浸于这一环境中，使人具有更强的求知欲。在选色上，和卧室中的雕花纹样一样，流露出的更多的是一种温馨。而在客厅中的雕花纹样，给人的感觉则是简单大方。

图4-8 室内装修中的雕花纹样

雕花纹样的装饰品摆放在不同的环境中会产生不同的视觉效果与人体感受效果，可以衬托不同的环境，在不同的环境中渲染不同的意境，

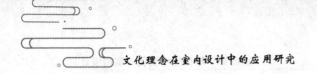

不会让人感觉有任何的不适。

(二) 雕花纹样可以对空间进行分隔

空间按照复杂程度分类，分为单一空间和复杂空间。单一空间是指由简单的三个面组成的，分别是墙、地面还有顶面构成的单一空间，单一空间建造较为简单，现在很多小区都是采用单一空间的方法进行建造，但是为了对空间进行合理利用，需要对单一空间进行拆分，多个单一空间单元就构成了复杂空间，单一空间的拆分、改建会费时费力，因此采用雕花纹样的装饰作为隔断是比较好的选择。现在大多数住宅楼业主采用雕花纹样的酒柜或者屏风对单一空间进行分割，从而提高空间的利用率，增加房间的层次感。

(三) 雕花纹样能够改善室内光环境

现代室内装饰设计相区别于传统室内装饰设计，但又和传统空间密不可分，如何将传统雕花艺术不违和地运用到现代的空间设计中，使雕花纹样的装饰与摆放空间相匹配？众所周知，北京的国家博物馆采用中式的装饰风格，里面的隔断、屏风、壁画、门窗大多采用传统的雕花纹样进行雕刻，与国家博物馆的壮观、雄伟相映衬，这些雕花纹样的装饰渲染，给人一种传统的"中国美"，表现了中华民族的文化底蕴，让来到国家博物馆的参观者身临其境，感受国家的悠久历史。

室内的光环境也会影响到整个空间的装饰风格，同样的装饰，不同的光线，会带来不同的效果，装饰与空间的搭配较为简单，只是考虑空间利用率，但是，相比之下，光线与装饰风格的搭配比较困难，尤其是如今人们的生活水平提高了，审美标准提高了，对工作、生活环境的要求也日渐增加，因此设计师在设计室内装饰的时候，需要结合空间和灯光的因素，尤其是灯光，是很多设计师容易忽略的问题。白天，自然日光通过光的原理，将光线照射到装饰物上，传统的雕花纹样装饰结合自然光的照射，将雕花的纹理、光泽进行清晰的呈现，同时也将雕刻艺术家精湛的雕刻技术展现出来，因此雕花纹样搭配自然光照射，更加显现出装饰品的美观性。自然界中除了自然光还有非自然光，也就是人造光，在装饰中的人造光一般指灯光设计，在装修过程中，人们都很注重灯光的搭配，不同的灯光也会表现不同的氛围，KTV一般都是闪光灯，衬托出人们高昂、欢快的情绪；卧室一般是用暖白色光，微弱的灯光适宜入睡。而雕花纹样装饰与灯光的搭配是在晚上，通过灯光，经过光的反射和衍射，最后投影到装饰品中，给人一种静谧、古典之美，体现我国传统文化的公艺之美。

二、传统雕花纹样在室内设计中的表现手法

（一）在室内空间中的表现手法

现如今，文化的交流发展迅速，受到各国文化审美的充斥，没有一种美学是完美的，是被所有人认可的，但是我国传统美学代表了中华民族5000年积淀的成果，是经久不衰的，同时，传统的室内设计方法给现在的室内设计提供了很有价值的经验。

本节对传统室内空间的研究采用从整体到局部的方法，主要是从门窗、隔断、顶棚以及室内家具进行展开；传统室内空间的分布格局，使得空间实现高利用率，用最少的空间摆放最多的东西，完成最复杂的功能，这就是传统空间的设计理念。这种装饰理念，尤其适用于北上广等一线城市。如何使小户型房子的装饰从利用率与审美上达到双收，是目前设计师面临的一种考验。将传统空间设计加入现代空间设计，可以从一定程度上解决这一问题。本章按照人们的视觉顺序进行分析。我们一进门看到的第一眼就是门窗，门窗有通风、避雨、挡风的效果，其外在展示形式直接影响整个室内的装饰风格。进入室内先映入眼帘就是门厅隔断，一个有文化底蕴的隔断，可以调整生活者与参观者的心情。接着是顶棚天花板的设计，笔者从材质、发展源头进行研究与分析；在整体设计研究详尽之后，对细节的装饰进行研究。

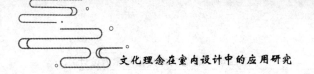

1. 门窗

门窗是我国传统文化的瑰宝之一。门窗的历史很久远，起源于3000多年之前。起初人们都是住在洞中，因此最早的门就是用草组成的草盖，图4-9就是原始的门的示意图，此时的门仅仅是因为，当时飞禽走兽很多，人们为了阻拦它们入室才用草做了一个类似门的东西，起着阻拦的作用。

图4-9　原始门示意图

从奴隶社会开始，才出现了最早的以木头为主要材质的门，此时的门都是两扇的，没有玻璃，为了抵挡风，门都会做的特别大、特别厚，增加其坚实度。此时的门窗还没有复杂的雕花纹样，一般都是简单的方形窗棂。发展到唐代，门窗上面开始出现装饰，该时期是门窗发展的高峰时期，从那时起，我国的门窗纹样开始变得丰富，开始有不同形状的雕花纹样，不仅仅是为了遮风挡雨，也起到美观、修饰的作用，这一点，从图4-10中便可以看出来。

图 4-10 唐代门窗图

明清时期，开始出现窗户纸，尤其是东北地区，人们会在窗户上糊上两层纸以抵御寒冷。区域不同，糊纸的方式不同，南方一般为了美观只糊里面一层，而北方尤其是东北的寒冷地区，都会糊内外两层窗户纸，这也是东北地区的一大典型特色。在清朝末期，因为洋务运动的倡导，我国开始学习西方国家的技术，门窗上开始变成玻璃材质。到 20 世纪80 年代初，我国才出现金属门窗——铝合金材质的门窗，紧接着迎来改革开放，门窗的材质和样式开始变得丰富多彩。

如图 4-11 与图 4-12 分别是传统雕花纹样在室内门窗设计上的应用实例。图 4-11 可以看出花式很精美，不是简单的几何图形的雕刻，再者，从采光与通透性上来分析，这种雕花纹样的镂空效果，在视觉上，既给人一种"欲拒还迎""半掩半遮"的朦胧感，又能让室外的光线射入，保证室内的明亮程度，让处于室内的人不会有过分的封闭感和压抑感。

图 4-11　雕花纹样在门装饰上的应用

图 4-12　雕花纹样在窗装饰上的应用

2. 雕花纹样在隔断中的应用

隔断顾名思义，就是隔绝、断开的意思，对于室内空间的规划具有很重要的作用，通过隔断的设计，不仅可以提高房屋空间的利用率，还可以起到美观、修饰的作用，隔断的发展历经了很长时间，最初在古代的时候，隔断仅仅是用来挡风的，西周时期，我国才出现隔断，那时候，隔断称为屏风。随着社会的发展以及皇室权利的争夺，隔断逐渐演变成为一种皇室权力与地位的象征，此时的隔断实用性很小，很大程度上是为了装饰与美观。随着社会的进步，到明朝，隔断开始重视实用性，在兼顾装饰的基础上，越来越重视实用。隔断一直延续至今，经过了漫长的过程，材质也有很多种：玻璃、木质、PVC 等。不同的使用场景会采用不同材质的隔断进行设计，门厅隔断大多采用传统雕花纹样的木质隔断，卫生间大多采用防水的玻璃隔断。

如图 4-13 所示，传统雕花纹样在隔断门与隔断墙的设计中应用较广。从图中可以发现，隔断对室内空间进行了有效分割，增强了室内的层次感，表现出了"隔而不绝"的韵味。在隔断门的应用实例中，雕花纹样自身的特点与传统隔断墙设计的有机结合，既增强了室内空间的分区感，又不会使得各个区域显得相对独立，既体现出了个体空间的独立性与隐秘性，又体现出整体空间的统一性。隔断门的应用方面，通过滑道来对隔断门进行打开与关闭，满足了住户的需求，可以随意选择空间的分隔与统一。

图 4-13　传统雕花纹样在室内装修隔断设计中的应用

3. 雕花在顶棚中的应用

室内装饰包含很多部分，当然也涵盖顶棚部分的装修。顶棚的设计会直接影响到室内装饰的整体风格。顶棚又称为天花板，从清朝开始出现顶棚设计。清朝时期，一般宫殿都会有顶棚，颜色通常为彩色的，因为顶棚比较高，加之色彩斑斓，因此称为"天花"。顶棚的设计按照材质分，经过了五个不同的时期，泥土—水泥—石膏—PVC—雕花纹样的木质，最终演变成如今具有雕花纹样的顶棚。但是如今，雕花纹样在顶棚中的应用仍然很少，将雕花装饰在客厅中，可以彰显整个房屋设计的档次，与此同时，提高装修的韵味，让人百看不厌，历久弥新。而且，用雕花纹样的木质作为顶棚的设计，增加了坚固性，提高了使用年限，不会像石膏一样，经过几年就裂缝，也不会像泥土颜色那么暗。

从图 4-14 来看，通过传统雕花纹样与顶棚的结合，使得顶棚具有了若即若离的通透感。与传统的顶棚相比，住户不会有压抑感。在雕花纹样的造型处理上，既显得简单大方，又富有层次感，不同花形的顶棚设计给人带来的视觉感受也是不一样的，花形的顶棚设计，往往给人的感觉是花开富贵、春意盎然，而古典的几何图形设计，则让人感到庄重、典雅。

图 4-14　绍兴咸亨酒店餐厅

（二）在室内家具陈设上的表现手法

如今，随着生活质量的提高，人们越来越重视整体幸福感与审美感，因此家具的陈设对家庭环境的装饰扮演着很重要的角色，如何设计家具，是当今家具设计师面临的一项重要任务，直接关系到人们的生活质量。

家具按照用途分类，主要包含：桌子、椅子、橱柜以及床等用品。桌子一般是用于就餐的餐桌或用于学习的书桌。椅子就是人们日常休息的就座工具。橱柜分为存放衣服的衣柜以及存放碗碟的餐柜等。床是人们就寝的必需品。这些家具作为人们的生活日用品，其设计形式直接影响整个居住环境的风格，本课题将传统雕花纹样应用到以上家具的设计中，摆脱传统家具单调、乏味的图案设计。雕刻大师采用精湛的雕刻艺术，将生活家具雕刻得惟妙惟肖，提升了整个装饰环境，同时也提升了人们的审美观。以下分别从不同家具展开研究。

1. 几案类

几案又称桌子，桌子作为生活日用品，其装饰和紧固程度要求也日渐增高，奢华的国外设计已经不能满足人们的视觉要求，因此本书将传统雕花纹样应用到桌子的装饰中，使桌子不再拘泥于以往的形式，让人眼前一亮，对桌子在装饰方面的发展具有一定的推动作用。

从图 4-15 的现代几案雕花式样来看，首先，保持了几案的传统功能，使得几案能够支撑起来并承受一定的负重。其次，在保持原有功能的基础之上，使得几案不会显得过于笨重，更加简约、灵动。镂空处理使得人"一眼望穿"，增加室内空间的通透感。

图 4-15 现代几案的雕花艺术

2. 椅凳类

椅子是我国文化与国外文化交流的结果。北宋时期我国出现了"交椅",也就是如今人们说的"马扎"。随着文化的交流,后来逐渐演化成今天人们坐的椅子,如图 4-16 所示,这是典型的我国古代的椅子,整把椅子采用典型的雕刻艺术,简单、大方。从图中可以看出,当时椅子的腿都很高,这也体现了人们当时的生活习惯。从图 4-17 中可以看出椅子的发展,已经逐渐接近人们现如今的椅凳,但是整体仍然采用传统的雕花艺术。较图 4-16 可以看出,此时的椅子在图案上更加多彩,并且整把椅子的设计更接近人体学原理。总之,传统雕花纹样在椅凳中的应用是画龙点睛之笔。

图 4-16　黄花梨螭龙纹诗文对椅

图 4-17　清代扶手椅

这些雕花纹样的应用，首先给人一种"即视美"；其次，图案自身的深刻寓意给人带来美好的祝愿，让使用者在使用的过程中身心愉悦；最后，在整体风格上，让人感受到一种在脱俗中也少不了的质朴。

图4-18是结合了古代元素的现代椅子，与图4-17相比，线条已经发生变化，采用当今流行的简约风，用简单的曲线勾勒复杂的环境，加之传统雕花的应用，让人们在坐椅凳的同时，享受我国传统文化之美。

图4-18　经过演变创新的扶手椅

通过现代元素与古典的雕花设计的融合，座椅在现代元素的冲击下，也少不了那份古典的韵味，清新而不落俗，简朴而不失奢华。

3. 橱柜类

众所周知，橱柜也是生活必需品。橱柜在很早之前，就是用来盛放饭菜的，当时，没有冰箱可以保鲜，聪明的人类将几根木头榫接到一起，用碎布将缝隙遮挡住，这样可以抵挡蚊蝇的进入，并且因为与外界隔绝，可以暂时延长保存时间。随着时间的推移，社会不断发展，人们不仅用橱柜来盛放饭菜、放置碗碟，还用一些近似人身高的大柜存放衣服。如今，人们在追求实用性的基础上，也越来越关注外形美，因此将传统雕花纹样应用到橱柜中，不仅可以起到储存的作用，还可以增加装饰感。

4. 床榻类

床乃人们休息之本。床是商朝发展的产物，起初时候，由于条件简陋，人们使用草编织成床，商朝时候粮草也特别少，由于没有充足的草，床的高度就特别低。一直发展到晋代，床的高度逐渐升高，已经基本达到人们如今使用的床的高度。床榻按照材质分，有草席、木质、金属三类。在这三种分类中，木质床榻是如今最为流行且最常见的，不论是从坚韧程度还是从舒适度，木质床榻的优越性都明显高于其他两种。床上雕花最早出现在清朝，从图 4-19 中可以看出，雕花纹样使得床变得华丽、精致，给人一种舒适感。简单的图案，勾勒出复杂的图形，提升了床榻的层次感。

图 4-19 清代罗汉床

第三节 传统雕花纹样在室内设计中的运用

一、艺术形式的提炼与重构

在艺术设计领域，人们所追求的设计理念是"以少胜多，以简胜繁"。基于此，现代室内装修受传统雕花纹样的影响与熏陶，从传统雕花纹样中，"取其精华，去其糟粕"，使之"去繁就简"，并与现代人的审美品位相适应。从图案纹样自身来分析，不管是宏观层面的整体构图，还是微观层面的纹样、线条，雕花纹样艺术家，从传统文化元素中，发掘古典艺术的美，进一步设计创作，创作出饱含典雅、朴实之美的现代室内设计艺术。祥云图案作为一种比较常见的传统文化元素，除了自身外在流畅典雅的线条美，其图案具有美好的寓意。雕花艺术创作者抓住这一要义，加以适当的发挥，融入现代的艺术气息，使之融入现代家居室内装修设计中。

如图 4-20 所示，是从传统的祥云团中提炼出的雕花图案在室内装修中的应用。首先，就图案本身来说，祥云团图案线条流畅，具有一种灵动感。通过自身图案线条的延伸与变化，加上与制作材质相互辉映，展现出了传统文化之美，将传统文化那种简单朴素而不失典雅气质的美表现得淋漓尽致。其次就是图案题材的选取上，通过借鉴祥云图案，增强了室内装修格调中的灵动感，同时，祥云图案给人带来的是一种吉祥的寓意。

图 4-20　传统祥云图案在室内设计中的应用

题材的选取上，传统雕花纹样除了常常选取植物与人物故事，文字也常常被引入设计中。在文字题材的作品中，往往选取"福""禄""寿""喜""财"等。这些在中国传统文化中有美好寓意的文字。在这些文字题材作品的处理上，有时是以单个字来构图，让单个字呈现在作品中，而这类作品往往是一些篇幅较小的作品。对于那些篇幅较大的作品，往往采取多个字的组合加以花边的修饰。这类篇幅较大的作品，为了不显单调与空洞，在选用汉字的同时，辅以植物、鱼、鸟等图案。此外，在作品边框的处理上，有时采用简单汉字的重复组合，其中最为常见的就是"回"字纹与"己"字纹。这种处理方式，在艺术效果上，不仅达到了镂空与空灵虚无的效果，而且也使得作品边框整齐有致，不会因为引入花草鱼虫等题材而显得杂乱无章，并且，更能将主题突出。再者，选取这样的文字题材与构图思想，也可以降低实际操作中的烦琐程度。这一类作品在现代室内设计中，多用于门窗与隔断，既能保证透光性，也可以适当保护住户的个人隐私，同时，还不会彻底阻断住户的视线。

由图 4-21 可知，这些花草在雕花纹样中的应用，不仅可以使得传统的雕花式样不显得生硬，往往还会增加更为深刻的内在文化韵味。在题材的选取上，通过选用牡丹等花卉题材，可以给人一种富贵感，而梅兰竹菊的选用，则会增加室内装修的文化底蕴与气质。此外，动物题材在雕花纹样中的应用也不少，在动物题材的选取上，鱼、鹤、龙纹等这些富有吉祥寓意的图案最为常见。

图 4-21　花草植物在雕花纹样中的应用

二、民族文化特征的变化与延续

我国现存的众多古建筑文物中，留存下来的雕花纹样作品不少，这些雕花纹样作品多体现在建筑构件、家具装饰、门窗隔断以及摆设件中。这些雕花作品都是我国古代艺术文化的瑰宝，凝聚着先贤的智慧与创作灵感。同时，在这些雕花作品中，也蕴含着我国传统文化中的精髓，承载着古代劳动人民对美好生活的希冀。从款式和题材内容上来说，这些雕花作品款式繁多，在牛腿、雀替、廊架、隔扇、门窗、雕花板、屏障、床罩等装饰构件上的表现手法丰富多彩，在不同的历史时期还蕴含着不同的民族气息。这些带有民族气息的款式直至今日，仍然被应用于雕花纹样作品的创作当中。图4-22是西安苏福记分店中的背景墙，这面背景墙在装饰风格上采用方格拼接，并且方格与方格之间，在雕花纹样上各不相同。在表现手法上，采用形态简化重构，通过这一方法，作品整体上简洁明了，主题鲜明。

图4-22 雕花拼接隔扇

直到今天，从室内装修市场的调查来看，传统雕花纹样设计在现如今的室内设计中仍然占据着举足轻重的地位。现今的室内装修风格呈现出多元化的趋势，中式风格、后现代风格、现代风格等并驾齐驱，互相融合，弥补自身的缺陷，从而创作出更为精美的作品。雕花纹样作品与生俱来的质感与立体空间感，当其应用于室内装修中时，更能凸显室内环境的特征与格调。在雕花纹样作品材质的选取上，也发生了大的变革。过去，雕花纹样作品的材质多选用实木，但是由于绿色环保观念不断深入人心以及实木自身的竞价代价高等因素，现代雕花纹样作品的材质逐渐向复合板以及其他新型材料过渡。这样，不仅可以传承雕花纹样的艺术价值，也保证了艺术创作的与时俱进。

不管是起居，还是工作、消费，人的一生中大部分的时间是在室内，用心营造一个美好的室内环境，无疑可以让人赏心悦目，从而提升生活品质。将雕花纹样元素与壁橱、电视背景墙、顶棚等相结合，在保证这些家具设施实际功能的同时，提升生活环境的格调与品质，使得室内环境更加富有文化与艺术气息，流露出古色古香的韵味，更是住户生活品位的体现。

三、雕花纹样艺术在室内装修中应用的案例分析

下面，笔者将结合雕花纹样在室内装修创作中的具体实例，从入户大门、中堂客厅、餐厅、楼梯、书房以及卧室等六个方面进行具体分析。

（一）入户大门

图 4-23 是入户大门，从整体效果上分析，首先是入户大门的门洞设计。对于门洞两侧立柱而言，立柱的两个顶角采用雕花纹样，使得整个门洞效果不会显得突兀、呆板。其次，给人一种"开门见山"的感觉，与室内装修风格交相辉映，让人提前领略到建筑的内部装修风格。再次就是大门，大门是入户的第一道屏障，既要发挥其自身的作用，也要体现艺术气息。从入户大门整体来看，门面采用雕花纹样，线条流畅，简单朴素中不失奢华、庄重、典雅，还带有一分威严。在大门的用色上，与室内整体色调保持一致，与灯光交相呼应，体现出建筑整体的古朴艺术气息。

图 4-23　入户大门案例效果图

（二）餐厅

　　餐厅的设计可以参照图 4-24。整体风格上，基于雕花纹样，运用以少胜多、以简胜繁的理念。在椅凳和餐桌的设计上追求精简，在细节处辅之以雕花纹样进行处理。酒柜、门窗、隔断的处理上，采用简单的"回"字纹进行重叠与镂空，既保证了整体的通透性和采光性，又增加了整体艺术上的朦胧美。在地板与顶棚的处理上，上圆下方，互相映衬。顶棚天花采用富有层次感的圆形设计，增加顶棚的深邃感。吊灯的设计上，结合镂空雕花纹样，增添了传统文化元素。地板上，则采用简单的"回"字纹式样，端庄大气。

图 4-24　案例餐厅效果图

（三）楼梯厅与楼梯

图 4-25 是楼梯厅与楼梯的设计效果图。

在楼梯厅中，雕花纹样首先体现在隔断中。隔断中，采用镂空雕花处理，保证了室内采光的同时，也有效地进行了空间的合理分割，使得室内层次感更加明显。其次，楼梯厅的椅凳与顶棚上也不乏雕花纹样的身影，总体效果上显得得体、大气。

在楼梯的设计上，总体设计风格是简单的"回"字纹，既确保了楼梯自身的作用，也使得整个楼梯显得更加通透，一目了然，不会让人有特别强的封闭感。

（a）楼梯厅

（b）楼梯

图 4-25　案例楼梯厅与楼梯效果图

（四）书房设计

图 4-26 是书房的设计效果图。

图 4-26　书房设计效果图

这间书房在总体设计上比较简约大气。为了保证书房的透光性，在隔断的处理上，采用了镂空设计。镂空效果在满足透光性的同时，也将书房与外界隔断，从而获得一片宁静，让置身其中的住户能够静下心来。

（五）卧室设计

图 4-27 是卧室设计效果图。图 4-27（a）与（b）为主卧室效果图，图 4-27(c) 是主人儿子的卧室效果图。卧室 1 与卧室 2 显得成熟、大气，雕花纹样主要用在门窗、床以及床头装饰上。总体效果上，既保证了卧室的通透性与采光，也保证了卧室的隐私。而卧室 3 则显得更加充满青春气息。雕花纹样艺术首先体现在隔断的创作上，其次体现在灯光的选择上，采用暖色调灯光，使得卧室显得更加温馨。

（a）卧室 1 效果图

（b）卧室 2 效果图

（c）卧室 3 效果图

图 4-27　案例卧室设计效果图

第五章　装饰陶瓷与室内设计

第一节　装饰陶瓷概述

一、装饰陶瓷基本认识

陶瓷品按照不同的分类方法有多种归类，在较常见的按用途分类中，日用陶瓷主要是指满足日常生活中实用功能的陶瓷品，艺术陶瓷指满足玩赏需求的陶瓷品。常见的陶瓷如图 5-1 所示。

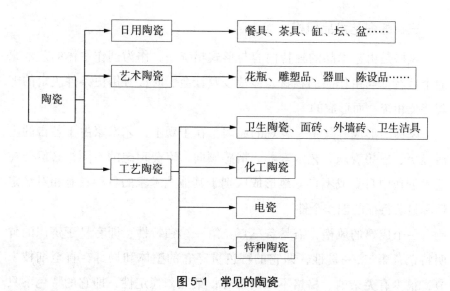

图 5-1 常见的陶瓷

　　装饰陶瓷是指满足审美功能的陶瓷制品与满足审美和实用双重功能的陶瓷制品。

　　装饰陶瓷将日用陶瓷中具有艺术美感的部分和艺术陶瓷并成一类，旨在从艺术角度归纳陶瓷在生活中给人们带来的精神享受。是据人们对物质和精神功能的要求，利用相应的工艺技术对陶瓷制品表面进行艺术处理，加强审美效果的一类陶瓷制品。

　　也就是说如同其他工艺美术一样，陶瓷装饰是审美功能、物质技术条件和艺术表现手法的综合体现，是科学技术和艺术形成的统一体。它既是物质产品，又是精神产品；既是商品，又是艺术品。

二、陶瓷艺术

　　陶瓷艺术主要是指一种有意味的形式，追求高度的自律，但又不违背艺术创作的基本规律，却又有意地淡化技术。它强调的是美观第一性，物质功能第二性，是一种艺术情感的表现、生命的冲动，或是一种想象、幻想。

三、陶瓷艺术品风格

风格是由艺术品的独特内容与形式相统一，作为创作主体的艺术家的个性特征与由作品的题材、体裁以及社会、时代等历史条件决定的客观特征相统一而形成的。

风格的形成有其主、客观的原因。在主观上，艺术家由于各自的生活经历、思想观念、艺术素养、情感倾向、审美理想的不同，必然会在艺术创作中自觉或不自觉地形成区别于其他艺术家的各种具有相对稳定性和显著特征的创作个性。

一个成熟的风格，需具备三点：第一，独特性，即有易于辨识的鲜明特色；第二，一贯性，即它的特色贯穿它的整体和局部，直至细枝末节，很少有芜杂的、格格不入的部分；第三，稳定性，即它的特色不只是表现在几个建筑物上，而是表现在一个时期内的一批建筑物上，尽管它们的类型和形制不同。

从艺术创作的角度出发，风格是指艺术作品的创作者对作品的独特见解和与之相适应的独特手法所表现出来的作品面貌特征。

陶瓷艺术品的风格是指陶瓷艺术品饰品固有的造型、色调和材质所形成的具有文化背景和品质的综合因素。陶瓷艺术品不仅成为美化室内空间的一种文化载体，亦是品位不俗的室内点缀与装饰。陶瓷艺术品饰品风格的选择与室内有着密切关系，一般情况下陶瓷艺术品的风格与空间风格是一致的。

四、装饰

装饰的同义词是"美饰"，但"装饰"又不单纯像"美饰"那样涉及美，也不单纯暗示增添一个独立的饰物。"装饰"与"得体"为同源词，它意味着适宜、形式化。

本书中所涉及的装饰陶瓷的装饰内涵，就是一种适宜于形式化的内容，它包括装饰和装饰性两个方面的内容。

第一，"装饰"通常意义上作为动词来讲，泛指修饰、打扮，是要用一定的物质材料才能进行的一种装饰活动。而装饰陶瓷便是以泥土为物质材料而进行的一种装饰活动，这种装饰是一种艺术形式的表现，如造型上的变化、色彩上的随意、技法中的嬗变等都自然地流露出装饰的韵味。

第二，装饰性是指一种性质，一种通过装饰形式得以抽象化、图式化、视觉化的艺术品质。它包括装饰艺术的基本规律，对称、均衡、统一等外在的附加物，还包括程式化、类型化、意象化的艺术方法等内在的规定性，与被装饰物有着一种互融的、不可分割的关系。

所以，"装饰性"不是脱离被装饰物而独立存在的实体，而是融化在艺术形式中的一种装饰成分和形式风格。它是一种艺术品质和审美评价，人们无法从艺术作品中单独剥离出装饰性，它和艺术作品共生共灭。

五、装饰陶瓷的特点

装饰陶瓷与其他类别的陶瓷相比，具有明显的特点——装饰性。此外，部分装饰陶瓷还身兼了实用性的特点。

（一）装饰性

陶瓷为使用而产生，同时具备艺术性。如今的陶瓷主要目的已经不是物质的实用，而是兼有装饰等用途。

人们在重视陶瓷器使用功能的同时，从未停止过对美的追求。优美的造型、得体的装饰、天然的釉色诉诸人的视觉与触觉器官，是精神的、感性的，是一种审美过程的表现。装饰性是在实用功能诠释过程中而凸显出来并逐渐丰富的特征，随着时代变化着、进步着，符合人类的生存条件和生活动机。

陶瓷艺术和其他艺术一样有其自身的发展规律。在古代主要以实用为目的兼具精神审美目的。作为陶瓷的装饰，有别于一般的平面作画，但两者之间又有必然的联系。在人类艺术的发展过程中相得益彰，因为陶器形体的装饰推进人类审美意识的产生，装饰适用于客观的环境与人类的欣赏，并在历史发展的过程中，形成了一整套完整的艺术演化与程式——装饰性。

装饰性是人类进步的一种视觉形象，是陶艺形体更为美化的一个基本属性。在艺术空间里，将传统的表现手法实现有效过渡，使之成为陶瓷装饰所适应的艺术形式。

当代，人们渴望回归自然。陶瓷艺术得到发展的契机，装饰陶瓷与其他陶瓷逐渐分离，因其更注重精神审美功能，最终成为一种独立的新的造型艺术形式。与绘画、雕塑等并驾齐驱，在现代人的精神生活中扮演着重要的角色。

（二）实用性与装饰性相结合

陶瓷器并没有纯粹的实用和绝对的装饰之分，而是一起逐步发展的，两者属于辩证统一的关系。当代陶瓷艺术作品既包含着实用或虽非实用但有物质使用的容器，又包括表达泥土特质的造型或雕塑，它是当代艺术思想理论与科学技术渗透的产物。它既属于现代艺术范畴，又是传统陶瓷物质功能性在当代的拓展。

1. 实用性与装饰性的起源

陶瓷最早的创造者——懵懂的先民仅是从实用功能出发制造陶瓷器，目的也仅是实用，并没有太多的审美意识和良好的美学观念。但人们在捏造黏土的同时，揉入了自己的主观意识，无意识地将黏土造型摆弄得"好看"。不知不觉中，装饰就融入了陶瓷器皿中。也就是说主要是从实用的目的出发来对陶瓷进行造型，随着懵懂的审美意识的产生，装饰性逐渐融入泥土的造型中。两者在发展中相互渗透，装饰陶瓷的装饰性逐渐增强。生产技术不断改进和提高，利用刻、划、画、雕、镂、印、贴、塑等各种技法的变化，陶瓷也逐渐从功能的状态走向注重审美内涵。陶瓷本身的美以及陶瓷器为周围环境带来的美都随之逐渐发展。

陶瓷装饰作为一种艺术形式早在原始社会就已经出现，如新石器时期的彩陶、黑陶和印纹陶上面渔猎生活的装饰纹样已具有完整的装饰性和艺术性，并以强烈的东方特点与民族形式展现其风采。

随着逐渐的演变，陶瓷器观赏的功能在生产生活中被人们发掘出来，陶瓷器进而发展成了两种方式：一种是以实用为目的，一种是纯观赏用陶瓷。两者经过几千年的发展，都散发出了璀璨夺目的光芒，取得了很高的艺术成就，表现出浓郁的艺术美和装饰的形式感。也从一个侧面书写了中华民族的光辉历史。

2. 实用性与审美性辩证统一

自古以来陶瓷就具有实用功能和精神审美功能。它在人类物质生活和精神生活中一直扮演着重要角色。早期陶器的发展表明，造型的实用要求先于审美，而实用功能的需求推动着审美功能的发展，审美功能的追求反过来可能有更多的实用功能的发现。

此后几千年陶器的日渐发展和造型的变化，逐步体现出陶器设计与社会生产和社会生活的不可分割性以及陶器的实用性与审美性的辩证统一。制作工艺越来越精细，出现了由器向艺变化的趋向，实用与审美相结合的目的逐渐明显。

作为使用和欣赏的统一、功能与形式美的统一，其造型要受材料的制约，同时要受使用的制约。变形不能超出最基本的具体使用的目的性。随着生产力的发展以及人的需要更为复杂，陶器造型便相应变得复杂起来，出现了从单一到多样、从单纯到复杂、从主要为了实用到体现审美意味的变化。

六、装饰陶瓷的制作工艺

陶瓷材料的发展与人类历史有极为密切而久远的关系。特别是瓷器的发明及其技术进步对人类生活和文明都产生了巨大的影响，几乎成为社会发展中文化艺术和技术进步的重要时代标志。

（一）材料与制作

陶瓷艺术品主要以瓷土、陶土、匣钵土为主。原料经过工匠的加工，被塑造成理想的形态，经过水的洗礼、火的熔炼之后所呈现出来的质感，与人有一种无言的亲和力。它们直接取之于自然，让人备感亲切。成型的瓷制工艺品自诞生之日便是传递美的媒介，让人产生想去亲近的欲望。陶瓷制作工艺流程如图5-2所示。

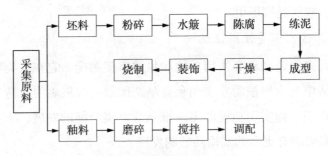

图5-2　陶瓷制作工艺流程

陶瓷艺术品的色彩变幻莫测，釉料窑变具有强烈的艺术感染力。艺术陶瓷的创作过程是认识材料、利用材料的过程，重要的是创造性地发挥材料的不同特点，表现其他艺术所不能表现的艺术效果。

（二）表面装饰

1. 传统装饰手法

中国画与陶瓷是我国传统的两大艺术瑰宝。传统工艺中陶瓷表面装饰用毛笔蘸青花料或彩料在陶瓷制品上绘制图案。无论是釉上彩还是釉下彩，都带有国画的影子。两者的结合创造出了璀璨夺目的陶瓷绘制艺术品。中国画讲究深远、神似的意境，在立体的陶瓷上也可表现内淋漓尽致。

2. 多样的现代装饰手法

传统的工艺经过现代人的演绎，让陶瓷的装饰性大放异彩。随着艺术的发展，有当代艺术家突发奇想，将国画艺术用雕刻的手法表现在陶瓷制品上，栩栩如生的画中景在陶瓷制品上浮现出来，凹凸有致，既增加了立体感，又让国画在陶瓷制品上大放光彩。

第二节 装饰陶瓷与室内设计

一、装饰陶瓷与室内环境

室内艺术是一门比较新的学科，是在建筑提供的空间基础上，结合人们的物质生活与精神生活需要而进行的人工室内再创造。这种创造要以建筑结构所提供的基础条件为前提，是一种有限制的创造。它不是对室内空间简单的装饰化处理，而是包括多层次的酝酿与筹划：对室内墙壁、地面、顶棚、构架、门窗等构成建筑围护结构部分的表面处理，对室内空间布局的组织与界定，对室内家具、陈设、饰物等的造型与配置，各部分之间在质感、色彩、艺术风格等方面的协调等。这些综合起来，形成了构思和处理手法。同样的空间框架，不同的布置可以获得完全不同的效果，或严肃凝重，或浪漫活泼，或自由潇洒；有的淡雅，有的华丽，可能性是多样的。

在所有视觉艺术中，陶瓷是一种可以陶冶性情的艺术，有千百种方式打动人的心灵，线条和块面中优美的匀称给人以和谐感，图案的重复给人以安详感，奇异的设计可以引起观者的遐想。将其装饰在室内空间中，有助于进一步提升空间的品位与内涵。

(一) 装饰陶瓷介入室内环境的契机

千年的陶瓷作品被流传下来，每一件都附着一段历史。从古老的陶艺中人们可以窥探祖先的生活片段，他们代表一部部精神文化和物质文化的发展史。在陶艺文化比较普及的现代社会，建筑师和陶艺家一起合作，使陶艺进入建筑领域。室内如同建筑设计，是把整个空间作为一种载体，一种对人尊重的载体。陶瓷艺术品的器型、体量、釉色，可以集中体现人们生活空间的设计中要表达的东西。可见，人类的生存发展与陶瓷息息相关，日常生活中陶瓷的身影随处可见，陶瓷介入室内环境，有多种原因。

1. 对生活质量的关注

随着物质文明的高度发展，现代人比以往任何时候都更加关注生活质量。陶瓷不仅仅有使用功能，而且已经成为现代设计必不可少的艺术品装饰的组成部分。人们对自身生活的居室已不再满足于单一的住宿需求，随之而来的是对室内要求的不断提高。

2. 对自然的渴望

人们对室内装饰材料的要求越来越高，尤其是对于生活在水泥丛林中的现代人来说，接近自然、亲近泥土已成为一种奢求。人们厌于工业化的装饰材料，如冷漠的钢铁材料、机械的塑料制品、不健康的油漆原料，而陶瓷品作为一种古朴的艺术材料在现代家庭装饰中，成了人们精神世界的代言人和表达人们理性与主张的独特语言，透过陶瓷，人们将富含自由创造精神的艺术形式融入自己的室内空间中。

3. 审美意识的提高

在现代空间装饰过程中，在美化生活和陶冶文化与精神上都有其独特的艺术魅力。现代室内空间的装饰陶瓷艺术不仅美化环境，同时必须服务于环境空间秩序的建设，并直接影响着人们的生活品质和行为方式。无论是出于实用的目的还是装饰的目的，陶瓷装饰艺术已经对人们的生活环境带来了很大的影响，正确认识和使用陶瓷装饰艺术对于合理的规划和美化人们生活的环境具有重要意义。

4. 材料与工艺的美感

在多元化的今天，传统意义上的陶瓷艺术已经不能适应现代生活的需求。它要求陶瓷艺术能真正地和具体的室内相结合，人们已经不单单是从欣赏的角度来衡量陶瓷艺术，而是把它当作一种装饰材料来加以应用。

尽管陶瓷材料近年来才被运用于现代装饰，其材料性能优越、肌理变化丰富，是其他材料所无法抗衡的，因而形成了今天形式多样、风格各异、用途广泛的使用范围。为丰富人们物质和精神生活，美化室内起到了其他装饰材料不可取代的作用。这种被称为永久性环保材料的陶瓷在当今的室内装饰中广泛应用，形成了一定的潮流和趋势，为现代装饰注入了新的活力，赋予了新的生命力。

表 5-1 不同材料用于室内装饰的感觉特性

材料	装饰感觉特性
陶瓷	高雅、明亮、时髦、整齐、精致、凉爽
木材	自然、协调、亲切、古典、温暖、粗糙、感性
玻璃	明亮、光滑、干净、整齐、协调、自由、精致、透明
塑料	人造、轻巧、细腻、艳丽、优雅、理性
皮革	柔软、感性、浪漫、温暖
金属	坚硬、光滑、理性、拘谨、现代、科技、冷漠、凉爽
橡胶	人造、低俗、阴暗、束缚、笨重、呆板

陶瓷装饰艺术是传统工艺美术与现代艺术设计相结合的一种艺术形式。陶瓷材料具有优良的材料特性，很容易适应现代室内空间设计的功能需要，具有独特的材质美感，所以在现代室内装饰中得到广泛应用。

(二) 装饰陶瓷对室内空间的气氛渲染

设计的形式语言也叫"艺术形式"，其涵义是指借助于某种艺术的表现手段来表现艺术内容而形成的艺术作品的内部组织、结构。

室内装饰的过程是空间的主题风格和组节格调调和的过程，在整个设计的酝酿和操作过程中，陶瓷被纳入进来不是孤立的设计元素，需考虑到陶瓷和其他相关材料的协调性和风格的统一性，达到整体风格的完美统一。

装饰陶瓷艺术对室内空间的气氛渲染主要表现在以下几方面。

1. 点缀室内空间

装饰陶瓷与字画、古玩、绿色植物等作用一样，一方面，它作为独立的艺术品形式具有审美的艺术价值；另一方面，它以实用的形式满足人们的使用需求，同时起到室内装饰和点缀室内的作用。因此，陶瓷产品的艺术设计将扮演非常重要的角色。

2. 渲染室内艺术气氛

陶瓷艺术在现代生活中已经远远地超出了古代陶瓷艺术品因实用而制的目的。它既是物质的，又是精神的。陶瓷艺术在装饰材料领域的广泛应用，也将其魅力推向了一个新的高度。

3. 表现空间品位，加强空间精神内涵

陶瓷运用到室内设计，成为室内空间中不可忽视的力量。陶瓷装饰品一直以来都是装饰中经常使用的材料之一。

陶瓷装饰点缀着所处空间，为室内营造更加优美和谐的气氛。它以优美的造型与图案给人视觉上以美感，引起观赏者心灵的冲击。通过物化的作品让观赏者与创作者达到心与心的交流，让创作者的思想与理念完全展现在观赏者面前。观赏者不仅仅能感受到作品本身的美，而且能通过表面体味到深层次的美感，增加空间的精神内涵。

（三）装饰陶瓷在室内设计中的原则

装饰陶瓷在丰富和充实室内空间的同时，也受到具体室内空间的制约，应强调它与室内空间的适应和融合。这种对室内空间环境的适应与融合，体现着它与室内空间的协调一致，而这种一致性表现在以下几方面。

1. 和谐统一原则

陈设陶瓷是否在室内环境中占有一席之地，就要看它的尺寸大小、形态变化、装饰手法与室内环境需求、装饰空间、装饰位置、装饰方式、室内环境景观和空间布局等方面是否相和谐。

2. 适应原则

不同空间给人不同的心理感受，被室内不同空间界定了的任何物必须与室内环境营造的空间气氛相一致，物体的大小、尺寸是构成物理体量和造成人们心理反映的主要因素，装饰陶艺除了要分析所处的大环境空间，还要考虑到所处的小环境空间。由于人在运动中视觉游离不定，这种视线中被接受的物体太小，很难形成视觉印象，只有当物体体量对视觉有强烈刺激时才会引起人的注意。例如，在别墅的大厅中，厅室的角落、墙边，出入口旁边，走廊两边及尽端等人们交通区域放置装饰物比较大；人在近距离站立中看的物体，如在起居室、书房、餐桌等空间比较小的地方，应避免放置的物体尺寸过大。因此，在装饰室内时陈设品的大小造型应与室内环境空间取得良好的比例关系。

二、装饰陶瓷在室内设计中的价值

艺术都对人们的心理起着平衡的作用，陶瓷作为一门艺术形式，与人们的生活密不可分。陶瓷不仅仅是使用功能的问题，也成为现代空间环境中必不可少的艺术品装饰的组成部分。装饰陶瓷以新的态势展示新的环境艺术观念，满足现代人的审美要求，使其和谐统一，形成完美、舒适的空间，同时也提升着环境的人文价值。

（一）审美价值

审美不单纯是美学理论系统内部的问题，与现当代人所处的艺术生态环境中的现实文化境遇密切相关，如现代社会政治、经济条件以及社会意识形态，还有整个人类生存、个体心灵的情感、欲望、观念、想象、经验等，甚至还包括艺术创作所使用的材料因素。

随着社会的发展，人们的审美情结也在悄然发生着变化。装饰品的样式也在逐步变化着。陶瓷的产生是以实用为目的的，在发展过程中，装饰性能逐渐加强，最后导致实用性与装饰性的分离。如今的装饰陶瓷从审美角度研究，样式色彩到深层次蕴含的意境，都有了更大的发展。装饰陶瓷审美的独特性在于其是人情感的寄托或表达，也是对艺术创作所使用符号的理性思维的升华。

陶瓷艺术品不同于绘画艺术的平面性，不同于舞台艺术的综合性，更不同于音乐艺术的无形性，而是一种静态的立体艺术，依附于黏土等材料，塑造成千姿百态的独特艺术风格。陶土釉料的可自由发挥度与烧制方式带来的不可预期性的奇妙结合，给艺术家的灵感、想象和智慧提供了极为开阔的活动空间。它的结构骨架又不同于诗词散文的严谨，创作者可以借助一定的媒介进行如"闲庭信步"的创作，营造出无限的艺术境界，把陶瓷的造型美感发挥得淋漓尽致，起到完美的装饰作用。受人们精神领域的影响，陶瓷造型花样翻新，如今陶瓷的造型主要体现创作者的精神意志与优美的造型，使技艺激情和思想可以自由驰骋其中，对许多艺术家产生了极大诱感，也大大激发了公众广泛参与的兴趣和热情。正是因为陶瓷艺术所体现的美与其装饰性恰好与现代装饰所需相吻合，才会如此广泛地应用于环境空间中，提高环境的审美价值。

（二）人文价值

情感是人的意向和意志活动中较活泼热切的活动，是人对客观事物是否满足自己的需要而产生的客观事物与个体需要之间的关系。陶瓷的造型千变万化，随着现代陶瓷的兴起、发展，陶瓷艺术更多的是表达创作者内心的情感。在创作上融入了对室内环境的态度，外部造型也摆脱了功能等的羁绊，将黏土随性摆弄，进行艺术创作。

陶瓷的制作过程是创作者诠释自我的过程。黏土在手指间任意摆弄，随心境创作出心中的形象。透过形象，观赏者也能体味到创作者的心境。

从环境空间的角度来看，现代人更重视生活的质量并且崇尚对美的追求。被人们称之为纯自然艺术以及心和手完美结合的陶瓷艺术如今迅速在多种空间中显现身影。这些陶瓷艺术品用来装饰空间，美化室内环境的同时，对人自身的情操也潜移默化地进行着熏陶，随处体现人文价值的含义。

（三）装饰陶瓷在室内环境中应用的优越性

不论东方还是西方，陶瓷从产生直到今天仍然活跃在人们的生活中，并不断地深入和拓展，说明该种材料天生具有优越性。陶瓷材料能模仿出当时其他材料造型，且成本低，性能优越，更具有实用功能；功能实用的要求促使陶瓷材料和工艺的革新和发展，为陶瓷艺术拓宽了表现领域，满足人们更高的审美要求。

1. 原料易于造型

每种材料都有其材质的弱点与加工作业的限制。例如，细长的石材易于折断毁损，平面的金属板材不易弯曲成不规则的造型，木材则因纹理的顺逆有质地的强弱，这些限制都影响到作品的造型表现。而具有可塑性陶瓷材料，则可任意地捏塑造型，发挥造型的可能性。因此，陶瓷材料能使作品在造型的表现上有很大的空间，让作品在公共空间中得到更活泼自由的表现。

就目前运用于空间环境所选用的各种材料中，没有任何一种材料能像陶土这样，可以任意塑造形象，如不需要复制，都可以不翻模具，直接徒手完成单件作品，这是其他材料所无法比拟的优越条件。

2. 耐用性、持久性强

无论在户外或室内的公共艺术作品，因长期暴露在开放的空间之中，雨水、湿气、灰尘、落叶等物质对于不同权质的作品，会造成不同的影响。例如，疏松的石材作品易于吸水风化，生长苔藓；劣质作品字易腐朽发霉，落漆变色；金属材质的作品则会生锈腐蚀，失去光彩。陶瓷的分子结构非常稳定，随时间流失，内部结构也不会发生变化。相对于同样的装饰材料来讲，陶瓷制品稳定性极好，可以长时间进行装饰。

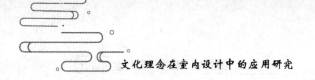

3. 易于保养与维护

使用一般材质制作的作品，必须勤于保养与维护，以维持光鲜亮丽。用陶瓷材料制作的作品，由于历经高温烧成，土质烧结瓷化，所以不易渗水与附着污染物。尤其经过施釉烧成的作品，表面形成一层玻璃物质，能阻绝污垢又能防止风化，保持作品原有的光彩。尤其是运用在室外，具有其他材质无可比拟的优越性，运用在室内，保养维护更优于其他装饰材料。因此，在作品的保养与维护方面，陶瓷材料是有其优越性的。

4. 陶瓷材料在运用中有待改进之处

陶瓷材料最致命的弱点是高脆性和低可靠性，这是由这种材料的结构特点所决定的。相对而言，金属材料具有良好的延展性和可加工性，但它的耐温性、机械强度和耐腐蚀性较差。而结构陶瓷材料具有耐高温、耐腐蚀、耐磨、硬度大和强度高的特点，但脆性大、韧性不足。目前，在进行陶瓷材料性能改进方面，国际上研究的重点主要是改善其脆性、强化其韧性，将其复合化，要求除保持陶瓷好的性能，还应力争获得其他方面的优异性能。陶瓷材料复合化的主要目的就是克服其脆性。

第三节　装饰陶瓷艺术与室内装饰的结合方式

一、装饰陶瓷艺术在室内装饰中的空间形式

室内装饰是一种综合性艺术，又称室内设计。它满足人们的社会生产活动和生活需要，并且可以合理地组织和塑造具有美感而又舒适的室内环境。室内装饰作为环境艺术的一种，按照研究范围与对象的不同，可以归纳出室内装饰包含两种关系，依附和衬托关系。依附关系指的是依附室内建筑物实体，主要指对建筑实体表面的艺术处理。比如，室内空间中常见的壁饰、墙纸等。衬托关系是指在室内空间中进行物体摆放，

主要指家具、日用器皿等。室内装饰其实一直伴随着人类每一次的社会进步和审美提高。从原始社会西安半坡村方形居住空间，到宫殿、寺庙、教堂等；从只是工艺品的点缀到墙面、格局等丰富的表现形式。

室内装饰发展到现代阶段又被赋予了新的意义，更加强调以精神愉悦为主的设计。学术界大致将其分为两大潮流，一是从使用功能上对室内环境进行设计，如科学地通风、采光、色彩选择等，以提高室内空间的舒适性和实用性。这不是本书要探讨的方面。二是创造个性化的室内环境，强调独特的风格和审美情调。无论是哪种装饰手法和装饰关系，其实处理的都是物与空间的关系，是实物在室内空间中的不同表现形式。所以，装饰陶瓷艺术在室内装饰中的空间形态就呼之欲出了。它指的是室内装饰空间语境下的物体在特定时空环境中整体性地展现。装饰陶瓷艺术融入室内装饰的过程中看成一个"整体"，那么与室内装饰的空间相互关系无非有三种情境。一种是体积弱于所存在空间，成为依附关系。一种是体积与空间不相上下、势均力敌，成为平衡关系。最后一种是虽占用了一定的室内空间，但可以形成营造新的虚拟空间，使原有的室内空间从属于这个"整体"，即成为打破式的关系。

（一）融入式

装饰陶瓷艺术的空间形态决定了室内装饰整体效果，所以不同的空间形态，自然会带给人们不同的心理感受体验。所以，研究装饰陶瓷艺术的空间形态就显得尤为重要。融入式是指，装饰陶瓷艺术被当作一个完整的物质实体，具有一定的独立性。在体量上虽然占用一定的室内空间，但是占用空间的比例比较低，并且需要满足室内装饰的主题。二者是从属关系，具体表现为与室内空间的局部结合或者半开放式结合。此类装饰陶瓷艺术多用于室内公共空间，主要分为两类。

第一类，注重表达艺术家的某种情感，对形式美感的视觉感受次之。这类装饰陶瓷艺术往往容易引起观者的情感共鸣，容易吸引眼球。第二类，注重装饰效果，注重形式美感，情感因素次之。这类装饰陶瓷艺术可以配合室内装饰的主题，烘托气氛。就室内装饰而言，艺术品从博物馆和美术馆中走向了展示空间，尝试与装饰相结合。这一过程启发了艺术家的创作，也改变了大众对生活方式的认知。装饰陶瓷艺术无论是具有实用功能还是仅仅是装饰和审美功能，都是整个空间的有机整体，都要服从于整个空间的情感表达。换言之就是装饰陶瓷艺术是作为一个整体存在于室内装饰的空间中，与所在空间具有一致性和协调感。

（二）平衡式

平衡式是指，装饰陶瓷艺术的实体虽然占据一定的室内空间，但是可以营造一个供人观赏的虚拟空间。无论是该物质实体，还是营造的虚拟空间，都与室内空间势均力敌，都是物质实体对室内空间的一种补充。只不过跟融入式的陶瓷装置作品相比，这类作品对观者的影响力有了很大的提高，但是不足以超越空间本身。

这类装饰陶瓷艺术的情境营造也分两种类型，第一类，营造吸引眼球的视觉体验。当人们欣赏装饰陶瓷艺术品的时候，感受到艺术家直接、快捷地传递给人们的视觉感受，让人们有所感悟和触动。第二类，营造视觉和触觉共存的双重体验。陶瓷这一材质独有的肌理和质感不仅给人们视觉上的直观感受，也会给人们生理上的触觉感受，而且触觉上的体验与视觉感受相比更为真实。换言之，无论哪种气氛的营造，装饰陶瓷艺术在室内装饰中都占据了更大的份额，但是没有突破已有空间的范畴。

（三）打破式

装饰陶瓷艺术的空间形态其实包含着三个层面，现实空间、意识空间、虚拟空间。融入式和平衡式更多的是从现实空间的体量占据的多少来评判装饰陶瓷艺术与室内空间的相互关系。打破式是在前面两者的基础上延伸出来的第三种情况，即物质实体在独立存在的同时可以营造出另外一个情境，与可以营造情境的平衡式不同的是，打破式里的情境强大到可以使所处空间依附于这个情境。换言之，这个物质实体可以在这个空间中成为一个独有装饰作用的室内景观。

这类装饰陶瓷艺术的具体表现也有两种类型，第一种，纯粹的艺术情感营造，不具备任何实用功能的装饰性陶瓷艺术品。第二种，在艺术情感营造的同时兼备实用功能的装饰陶瓷艺术品。所以说，打破式的陶瓷装置作品的精彩之处在于装饰陶瓷艺术如何在室内空间中成为一个独特的存在。它的独特之处就是要把装饰陶瓷艺术的情境性和互动性发挥到极致。这就要求作品具有强烈的视觉冲击力和感染力，让每一个观者都产生共鸣，产生共鸣的基础就是让生活中最常见的东西放弃原有的功能，用新的呈现方式让人们重新审视装饰陶瓷艺术的本质。

二、装饰陶瓷艺术在室内界面装饰中的表现形式

室内界面概念是指围合室内空间的底面、侧面和顶面。在室内装饰中界面装饰占据的空间是最大的，也是最常见的。装饰陶瓷艺术融入室内界面装饰中可以形成整体且直观的作品。如果说，装饰陶瓷艺术空间形态探讨的是陶瓷这一材料可以作为独立的物质实体应用到室内装饰中，人们可以称之为纵向维度的研究。那么，室内界面装饰的角度探讨的就是装饰陶瓷艺术作品不再是独立存在的，而是附属于一定的界面之上，人们可以称之为横向维度的研究。纵向维度的研究主要集中在陶瓷艺术的继承与发展层面，而横向维度的研究主要集中在与其他艺术形式的交流和融合层面。在这个维度里虽然装饰陶瓷艺术并不是完全独立存在的，但是仍旧不影响它的情境创造、互动交流。在室内装饰中，对界面装饰的设计，既有功能性的要求，还有技术方面的要求，更有造型和美观上的要求。以下将从陶瓷装置作品的肌理、色彩、材质和结构等方面来阐释装饰陶瓷艺术是如何与界面装饰结合的。

（一）室内顶面装饰的表现形式

室内空间的顶面装饰是较为特殊的位置，对设计的要求是非常高的。因为顶面装饰在整个室内空间的位置比较特殊，顶面的装饰最容易对观者产生情绪影响，因为顶面的装饰非常容易产生笼罩感，对装饰陶瓷艺

术的情境营造具有天然的位置优势。室内顶面的陶瓷装置作品往往还会和室内照明系统相互关联，增强室内空间环境的感染力。

装饰陶瓷艺术在室内界面装饰中除了要考虑美感的问题，还需要考虑空间本身的层高问题，层高太高或者太矮都不适合陶瓷装置作品。层高太高，陶瓷装置作品的安全性无法保证，层高太矮，无法营造所需要的氛围。装饰陶瓷艺术主要是以陶泥、瓷泥等作为基本创作材料，取之自然黏土的可塑性，这些都成为艺术家创作的基础。有的学者也把这种可塑性称为"泥性"。陶瓷是一种传统材料，具有深厚的历史感、民族性和文化感。但是现代技术的发展和陶瓷艺术自身发展的双重压力下，这一传统材料被赋予了某种现代设计感，于是装饰陶瓷艺术产生了。它让陶瓷材料的质感呈现出一种立体式、综合式的视觉感受，即视觉、触觉和知觉的多重感受。最直观的感受是，瓷质细腻的作品给人的感觉多是白皙精致的现代美感；陶土粗糙的作品常常可以让人品出粗犷和古朴的自然美感。所以说，装饰陶瓷艺术比其他艺术形式有更丰富的表现语言，当它与界面装饰相结合的时候，并不是简单的装饰外衣，而是界面造型构成中的一部分，直接作用于观者的视觉观感。

（二）室内墙面装饰的表现形式

在室内界面装饰中，墙面除了占据了巨大的表面积，非常有利于进行装饰外，还在功能上具有承重和分隔空间的作用。装饰陶瓷艺术与室内墙面的结合是最常见的形式，也最容易对观者造成视觉、心理或生理的影响。但是，并不是说陶瓷装置作品在墙面装饰中仅仅以二维平面的形式出现。装饰陶瓷艺术在墙面装饰中的具体表现形式可以分为三大类，肌理表现、色彩表现和综合材料表现。

1. 肌理表现

陶瓷肌理指的是以手指、手掌触摸陶瓷艺术品的表面所感受到或光滑，或粗糙，或条状、颗粒状等微妙的、高低起伏的感觉或浮雕效果。艺术家通过揉、刻、模具印制等手法，仿制自然形态的肌理，再通过烧制呈现出来。所以与之对应的装饰陶瓷艺术作品在肌理上的表现就可以分成两种类型。一种是陶瓷原料本身颗粒物较大，烧制后自然形成的肌理效果。另一种是艺术家对陶瓷材料的表面进行人为处理后，再经过烧制形成的肌理效果。装饰陶瓷艺术在肌理方面的创作是至关重要的，直接关系到作品在墙面装饰中的感染力。

2. 色彩表现

装饰陶瓷艺术在室内界面装饰中的色彩表现主要是指釉料产生的效果。陶瓷这一材料色彩与其他的艺术形式不同是因为，它包含了两个方面，即釉料表现和烧制技艺。随着技术的发展又出现了可以在已经烧成的瓷器釉面上绘制各种纹饰的釉上彩，然后二次入窑，低温固化彩料而成，通常包括彩绘瓷、彩饰瓷、青花加彩瓷、五彩瓷、粉彩瓷、色地描金瓷及珐琅彩等。由此可知，装饰陶瓷艺术的色彩表现包含两种类型，一是，直接使用不同颜色釉料再结合陶瓷材料本身的肌理变化和烧制技术，最终形成新的视觉效果。二是使用釉上彩在陶瓷表面进行二次或者多次装饰。

陶瓷釉料的丰富表现不仅仅是简单的颜色表现，更重要的是釉料和釉料之间是可以如水墨画一般相互流动的。并且陶瓷釉料除了色彩丰富，还可以有很多的变化，比如斑驳、裂纹、开片甚至结晶。这些变化与前面提到的陶瓷肌理是相辅相成的，为了达到最佳的欣赏效果，不同的烧成方式又可以使火在陶瓷上留下不同的痕迹，这是其他艺术形式无法比拟的。

装饰陶瓷艺术可以将柴烧、熏烧、苏打烧等烧制过程中产生的自然气息发挥到极致，并且火的语言带有一种偶然性，烧制的最终结果很多时候都是不可完全预知的，这就导致很多陶瓷作品是独一无二的。

3. 材料综合表现

装饰陶瓷艺术的综合材料表现主要是指陶瓷不再是唯一的材料和表现主体，而是更广泛地与其他材料相结合，人们可以把这一情况看成是材料的泛化。也可以说是陶瓷这一材料所具有的包容性。这个包容的过程不仅是指材料的互相融合，还是指不同创作方法的融合。无论是哪种融合方式，都将丰富装饰陶瓷艺术的表现语言。并且这些非陶瓷材料也可变成装饰陶瓷艺术的闪光点，并对装饰陶瓷艺术的创作大有裨益。

（三）室内地面装饰的表现形式

室内地面是人们接触最多的界面，人们行走其上，最容易被艺术作品所吸引，但是地面低于视平线，也容易被忽视。因此，装饰陶瓷艺术在地面装饰中的表现形式主要分两类。一类是，直接放置于室内地面的装饰陶瓷艺术；另一类是，将室内地面空间进行深度处理。这二者之间有着本质的区别，前者较为简单，陶瓷装置作品只是单纯的占据地面空间。后者较为复杂，并且在艺术处理的过程中对空间的要求会比较高，并不是所有的室内地面都适合。这类的陶瓷装置作品更适合于体验感较强的展览空间内。

三、装饰陶瓷艺术的"物性回归"

纵观中国装置艺术的发展史，经历了被排挤到逐步接受，现代开始成为一种流行的历程，所以装饰陶瓷艺术在解决了生存问题之后就开始探索个体语言，尽可能使任何材料都可以与之相结合，并且主要从四个方面来寻找新的方式。

首先，关注个体存在与感受。从当下个人与社会的日常生活存在中去发现装饰陶瓷艺术在人们熟悉的生活意象中，通过"化腐朽为神奇"的陌生化处理，构成装置的现成品基本语汇单元。其次，重视与利用当代科技对社会、对人类文明的影响，借用科技手段和现代化传媒手段制作出具有时代感的装饰陶瓷艺术品。再次，装饰陶瓷艺术的一个重要趋势就是引导观众参与，形成作品与观众的互动，从而更好地实现作品影响观众与现实的目的。最后，以东方文化视点和人类生存为切入点，挖掘和表现当代人类所面临的物质的、精神的、文化的现实问题。

总之，装饰陶瓷艺术以其对现存世界"走向物化"的创作方式，来切入与反思人类所面临的共同处境。借取西方当代典型的装置表达样式，注入艺术家的自我理解与选择，以陶瓷为原材料，从而形成西方艺术的直接性强刺激与中国艺术观念互补的装饰陶瓷艺术。

装饰陶瓷艺术走向成熟，当艺术家对陶瓷装置作品及其表现与传达语言关注；对所使用的陶瓷材料与现成品质地的研究与重视；对装置物品与材料外在形式的关注。装饰陶瓷艺术并不是单纯的单件现成物品的抽取与挪用，而是运用多种材料物品构成的具有一定形式组合意味的作品。

装饰陶瓷艺术之所以产生，就是因为陶瓷艺术的物性回归，并且这种物性回归直接影响了陶瓷艺术未来的发展道路。物性的理论最早出现在批判现代绘画和雕塑领域，物性问题最终可以归结到"形状"，形状其实就是一种媒介，并且有能力或者责任去承载某些具体的"物"所要传递的内涵，使观者或者受众确信自己看到的是艺术品而不是普通物品。并且"物性"的突显需要"剧场"，即考虑作品与观众的关系，这就是常说的环境营造。由于追求某种情境，注重剧场效应，使得艺术品和普通物品之间的区别取决于整个环境，而不是仅仅关注作品本身。这一理论虽不是为了陶瓷艺术而提出的，但是陶瓷艺术的发展往往离不开其"物性"的探讨。

（一）装饰陶瓷艺术的"物化"

任何艺术形式的向前发展都需要追本溯源，陶瓷艺术也不例外，陶制品作为陶瓷艺术的前身之所以能够出现，除了是生产力发展的必然结果，更因陶制作材料比石头更容易塑造，比泥巴更易于保存的最本质的材料属性。

只不过随着社会分工和经济发展，烧制技术越来越成熟，陶制品进一步发展为瓷制品，人类的审美意识也逐步觉醒，陶瓷艺术经历了质朴的原始陶器阶段、精致的传统陶瓷阶段和反叛的现代陶艺阶段。这一历程不仅仅是实用价值被不断压缩，审美价值不断被增强的过程，更是材料属性不断被忽视，造型、装饰等附属物不断被强调的过程。所以说，陶瓷艺术的发展一直以来都是在实用和审美之间寻求一种平衡，最终创造出纯粹的精神产品。陶瓷艺术正处在对纯艺术心生向往同时又无法摆脱传统的造物观念的过渡期。并且不可否认的是，陶瓷艺术在走下坡路尤其是传统陶艺在经历宋代美学巅峰之后就一直在衰落，这符合艺术发展的一般规律，因为艺术作品也和产品一样不可能一步到位，也是需要一个不断完善的过程。但是陶瓷艺术不是单纯的线性发展，而是动态的过程，并且在不断地循环往复中向前推进。未来的陶瓷艺术究竟以何种方式继续存在，就需要从"物性"回归的角度去寻找答案。

社会学研究认为物性的定义包含两个层面，一是指物的面貌与性质，二是指物背后所代表的关系，这种关系不仅包括人与物、物与物之间的关系，甚至还包括人与人之间的关系。当这一理论运用到陶瓷艺术"物化"过程中也应包含两个层面。一是指从自然属性的角度去看待物的本质。换言之就是陶瓷作为材料，本身不再现、指代或暗示什么东西，就是它自身，与金属、塑料等没有什么区别，只不过它在人类改造自然的过程中扮演了重要的角色，并逐渐成为审美需求的一种载体。有一些学者把这一层面称之为陶瓷的"泥性"，虽然二者有相似之处，但是"泥性"是从塑性和肌理的角度去理解物性，并不全面和完整。二是指相关性，即物、环境和观者之间的关系。当环境作为中介，物质材料与环境发生相互关系使得艺术品不应再是可以放置于任何场景中的独立个体，而是开始尝试在环境中思考其当下的现实意义。在"极简主义"和"观念艺术"的影响下使静态的在环境中展示艺术品变成了一个行为过程，甚至一些艺术家开始创作与环境相冲突乃至对立的艺术品。所以说陶瓷艺术的"物化"是审美表现的过程，同时也是审美认识的过程。

(二) 装饰陶瓷艺术的"化物"

如果说"物化"处理的是陶瓷艺术纵向发展的问题，那么"化物"

处理的就是陶瓷艺术与其他艺术形式的关系，是横向的延展性问题。"化物"也包含着两层含义，一是化于物，即艺术家与作品的关系，无论什么作品都应凝结着艺术家独有的情感、思想、气质和社会经验，无论它们当时是否被理解和感知。二是化育外物。在现代主义的影响下，陶瓷艺术的发展开始呈现出一种原始状态，开始注重展示物质的结构，不置可否，陶瓷艺术在回归的同时其实也是一个与其他材料或艺术形式不断融合的过程。相对于其他材料，陶瓷似乎更具有超乎"物性"外的意味，传统的陶瓷艺术已经失去了主流的影响力，于是陶瓷艺术就在寻找一种现代的可能性，受到"极简主义"的影响，艺术家把作品直接置于地面，并安排物质材料与空间之间相互作用，这无疑给陶瓷艺术的创作提供了新依据。

"化物"观念更重要的一点是陶瓷与其他材料的融合，陶瓷本身是一个包罗万象的综合体，如果不是因为它的包容性，也不会在人类社会的历史中存在这么长的时间，虽然它有自己独有的一套成型方式和烧制技术，但是最终制约它发展的却是引以为豪的实用性。有的学者认为陶瓷因为其具有实用功能的特性，所以会一直存在于人们发展史中，永不会落幕，这种说法显然是过于乐观的。曾经辉煌一时的青铜器同样也具有实用功能，一样被作为新材料出现的陶瓷所替代，最后完全退出了历史舞台。当代社会技术的发展突飞猛进，新的衍生品不断出现，陶瓷的替代品也越来越被人们所认可。在这种情况下，陶瓷的衰落就成为一种必然的历史宿命。

所以在实用功能上去研究陶瓷不是个长久之计，而是努力探索陶瓷的人文属性和社会属性，世人常说，世界上不是缺少美而是缺少发现，陶瓷的新趋势就缺少发现。人们在潜意识中认为陶瓷就该有实用功能，就应该有一种容器的观念在，其实这些都是几千年固有的造型观念的暗示。陶瓷艺术的物性回归就是要打破这些固有的器型观念，让陶瓷可以像塑料、金属一样不再保持某些形状却可以和其他材料广泛而深刻地结

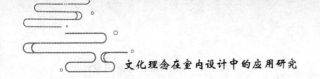

合，形成新的艺术形式。

综上所述，陶瓷艺术的物性回归既继承了利用物质材料的方法，又冲破了物质语言的纯粹性，并在空间上发展了陶瓷艺术的"在场性"，即对空间的侵入和干涉，努力创造了一种与特定语境相关的陶瓷艺术语言。

（三）装饰陶瓷艺术的东方意境

陶瓷作为具有悠久历史的艺术类型之一，它的生命力就在于它始终与人类的生活息息相关。不断推进的城市化进程，一方面出现了更多的建筑空间，另一方面也因为过度千篇一律的建筑外观，让人们对室内空间装饰的个性化需求变得日益强烈。艺术家们所面临的任务不仅是创造出具有时代性的艺术品，还包括缓解人与空间的关系。

装饰陶瓷艺术在创作时常常通过"隐喻"这种语言形式有效地将艺术家与受众串联在了一起，它往往是隐蔽的且不易被人察觉的，它能使受众通过关注艺术品表面的形式美感转向对艺术经验和艺术本身的理解。装饰陶瓷艺术的作品除了使用陶瓷材料这一极具东方特色的材料，更重要的是它包含了东方的审美情趣和生活哲理。东方意境具体表现为精神上对自然本真的崇尚与回归；手法上取其神韵、存其风骨，融会贯通。

总之，装饰陶瓷艺术融入室内装饰是分了两个角度去论证的。第一个角度是从物与室内空间关系作为出发点，论证装饰陶瓷艺术存在的空间合理性。第二个角度是从界面装饰的表现形式为出发点，论证装饰陶瓷艺术在装饰手段上的合理性。装饰陶瓷艺术作为一种环境艺术，主要包括陶瓷雕塑装置和陶瓷装置壁饰。装饰陶瓷艺术以其独有的存在方式融入社会、文化、生活中。

第四节　装饰陶瓷在室内设计中的应用表现

一、现代室内空间中的装饰陶瓷元素

现代的室内设计中越来越注重对中国传统装饰元素的运用，陶瓷元素的运用应势而起，不管是艺术瓷、日用陶瓷、建筑卫浴陶瓷，还是其所承载的装饰纹样、装饰工艺等，都成为现代室内设计的新亮点。

（一）艺术瓷引导室内空间装饰元素

艺术瓷在室内设计中是一个非常重要的装饰设计元素，不单是在高档的酒店、会所，还是在小型的餐饮店，或在普通百姓家中，都有艺术瓷的身影，都一样给人们的生活空间带来一道亮丽的风景。

1. 花瓶

在陶瓷花瓶装饰艺术中以青花居多，它以鲜明的青白对比，带来相当美的视觉效果，使人在欣赏过程中产生强烈的内在满足感。将青花花瓶应用于室内空间中能起到画龙点睛的作用，它不仅装饰了室内空间，美化了人们办公、居住和娱乐的生活环境，还可以陶冶人们的情操，给人带来美的享受。

2. 瓷板

瓷板画从开始出现到今天绵延不衰，似陈酒越久越香，它具有瓷板平整光洁之美，便于陶艺家以瓷当纸，随意挥毫，充分展示瓷画的审美意境。瓷板画便于表现中国画的神韵和意味，符合中国人传统的审美习惯和审美趣味。图 5-3 是江西工艺美术大师喻冬华创作的釉下"乡居秋意"瓷板，表现的是江南水乡风情。青花描绘的村舍、小桥、渔舟、飞鸟等景物点缀其中，坡泽则以釉里红装饰，获得酣畅淋漓的色彩、厚实的质感和瑰丽的肌理效果，达到"天人"与艺术的完美融合，洋溢出浓浓的生活气息和意韵。如此美丽的瓷板画融入室内空间，尤其是家居空间中，给人们带来的感觉是一种自然流露，是一种祥和的感觉。

图 5-3　乡居秋意

　　瓷板画是现代室内设计的重要样式，根据室内空间的装饰需要，面积可大可小，大则如山迎立，小则俯首细赏。现代瓷板画已成为家庭及公共室内环境布置首选的艺术品之一。瓷板画样式多样，除了常见的长方形、正方形，还有圆形、椭圆形、扇形、鸡心形、叶形等，便于室内空间装饰，既可独立成体挂于大厅、走廊、卧室等，又可作家具的镶嵌之饰或制成插屏或围屏等。

　　瓷板画具有独特的装饰效果，但需要构建出适合的展示空间，才能体现陶瓷艺术品的完美品质和装饰效果。比如可以在浴室的墙壁上挂绘着人体画像的瓷板画。其位置不要位于墙壁的正中间，可以适当地偏向两侧，或者与浴缸在一纵向直线上。这样的陈设方式打破了一般室内具有的平衡感，很是新颖。躺在浴缸里，视线就能很自然地正对瓷板画，在洗浴休闲的同时找到欣赏艺术的最佳点。瓷板画的背景墙应选择单一颜色，根据瓷板画的主调色彩选择背景墙，并非一定是中性色彩，也可以选择棕色、米色等，再用暖色调加以调和。比如，风景瓷板画挂在客厅的面米色墙上，邻近开有窗户的一面墙就选择无光泽的橙色或者红色粉刷。一般肖像瓷板画可以选择挂在卧室里，如果选择棕色的墙纸，可以用深灰色的地毯和橙色的床搭配，这样画面就会显得轻松、祥和。

3. 陶瓷雕塑

在社会生产力整体水平不断提高的同时，广大人民群众的审美要求也在提高。新材料的运用，产生新的装饰语言，陶瓷雕塑的表现方法和途径也变得多种多样。陶瓷雕塑艺术的出现，打破了单调、沉闷、嘈杂的空间形态，不仅达到美化环境、活跃空间气氛的效果，还为人们了解不同区域的文化、历史提供了艺术性的展示空间。

在公共室内流动空间中，陶瓷雕塑一般以圆雕和浮雕为主。公共室内流动空间的特点是空间较大，人员流动较快，环境比较嘈杂，一般是为人们提供洽谈、聚集、候车的公共场所，它是一个交通枢纽，反映了一个区域的政治、经济、文化等特征，体现城市特色，为人们提供一种温馨优美的环境氛围，使人们在等候中得到艺术的享受和陶冶，消除旅途疲劳。

商业和娱乐空间的陶瓷雕塑主要是指放置在购物中心、电影院、酒店会所等室内环境的陶瓷雕塑。作品通常以小型为主，以轻松、雅致的形式来表现。它一方面具有流行和时尚特征，另一方面又有较强的艺术特色，以突出不同场所的独创性和功能性，使人们在消费和娱乐的同时感受艺术的魅力。这类公共空间陶瓷雕塑作品的题材丰富多彩，根据作品不同的空间功能要求和环境要求，有的需要给人们带来舒畅和愉悦的视觉享受，有的个性鲜明，给人们以震撼的艺术冲击力。

（二）室内空间中多功能的日用陶瓷

随着社会的进步、经济的发展，人们开始追求健康的生活方式，对生活用品的要求越来越高，日用陶瓷作为主要生活用品，早已广泛应用到室内空间。在追求张扬个性化的时代里，普通装饰品已经不能满足广大群众的需求，以现在人们的评价标准，日用陶瓷正从基本的功能要求向功能加艺术化转变，日用陶瓷设计应该不仅能满足人们的使用功能，还能美化室内环境，丰富室内空间层次，调节室内空间节奏。正因为如此，陶瓷的组合形式应时而生，组合过的产品充满艺术性、时代感，反映了时代精神面貌，满足人们的审美情趣，给人以视觉上的美感和精神上的享受。日用陶瓷的组合，使其既发挥了它的使用价值，又成为装饰品出现在室内空间中。

1. 餐具

在呼吁个性化、追求艺术品位的今天，陶瓷餐具的使用也追随时代的潮流，拓展其功用。现代陶瓷餐具已经脱离了"锅碗瓢盆"的概念，而是当作一种附加值很高的艺术品来设计。

在室内设计中，经过系统化的设计，使各类生活用具彼此密切联系，达成一种默契。风格统一的家具，墙壁地面的装饰、织物、灯具及整体色调等相互映衬，再选择一套适合自己家居氛围的陶瓷餐具。陶瓷餐具的风格要和餐厅的设计相得益彰，更要衬托主人的身份、地位、职业、兴趣爱好、审美品位及生活习惯。一套形式美观且工艺考究的餐具还可以调节人们进餐时的心情，增加食欲。在家居厨房的空间中，桌面上摆放陶瓷餐具能起到装饰空间的作用，渲染整个厨房环境氛围。现代餐具的设计还注重与桌布的融合，餐具上的花纹与桌布上的花纹对接，形成充满趣味性的视觉效果。餐具在室内设计运用中更具装饰效果。

具有高级功能的陶瓷餐具，不仅仅是日常用品，它在大部分时间里充当着室内的陈设品，成为室内环境装饰的一部分。高档酒店里餐厅的装饰设计中，桌子上的陶瓷餐具不再是收纳到橱柜里，顾客到来之前陶瓷餐具是作为一种室内装饰品供人们欣赏的。家居空间中的陶瓷餐具不仅能美化居室环境，在一定程度上还能够体现主人的个性、品位及内涵。

2. 陶瓷茶具

在家居设计中，一套高雅得体的茶具摆放在家庭的客厅中，不仅装点了环境、营造了氛围、增添了生活情趣，还会给来访的宾客带来愉悦的气氛。正因如此，工艺性陶瓷茶具便应运而生，成为一些人的消费热点。顾名思义，工艺陶瓷茶具，既可用来沏茶又极具观赏性，造型常以新、奇、特见长，引人遐思。陶瓷茶具配有精致的底座或托盘，摆在家中，是一件很好的装饰品，于不经意间增添了一份东方艺术之美。

茶具的设置要因情而异、因地制宜。一方面要根据客厅格调选用，在装饰格调古色古香的客厅中，最好设置一套仿古陶瓷或富有民族特色、民俗情调的瓷质茶具，以使客厅更显雅致而庄重。如是"现代式"或者"西洋式"的客厅，宜摆放带现代色彩的茶具，如高身茶壶、长角玻璃杯，以使客厅显文雅而清丽。另一方面要根据来客对象的阅历和个性特征选用，来客如为老人，以使用仿古式陶瓷茶具为宜，以与老人的心理特点相符，使之感到稳重、舒安；如是青年人，宜用现代色彩的高身瓷壶、瓷杯，或长脚玻璃杯，并使用"袋泡茶"，以显示迅捷、快速，适应青年人的"快节奏"心理，并使环境氛围更显清丽活泼；若是文人雅士，则忌用大壶大杯，而要用小巧玲珑的瓷制壶杯，慢冲慢酌，以营造幽雅清闲的空间氛围。

3. 灯饰

近几年来，陶瓷灯具在灯具的世界里占有一定的位置，其造型样式丰富多彩、变化多端、姿态万千，不仅给人们的生活和工作带来光明，而且灯具的造型样式还是构成室内环境的生动美学因素之一。陶艺灯具作为一种独特的艺术语言，与现代人的审美观、情趣的变动以及精神方面的需求紧密相连，将现代陶艺灯具引入人们的居室环境中，使人们畅享原始情趣、渴望回归自然的迫切心理得到满足。陶艺灯具改变了传统的灯具形式，塑造了其个性和品位，与居室环境融合一体，给家居装饰添加了人性化的色彩，给人们带来全新的感觉，陶冶人们的情操，展示出时代的美感，洋溢出更加绚丽的光彩。

陶瓷灯具可以使室内环境更加温馨和丰富，让人们能够在一天的紧张工作之余，释放情感，烦躁的心情得以真正的放松。例如，景艺轩陶瓷生产的手工绘画青花灯具，点缀在温馨安静的休息间或是卧室，灯光渲染下透晶莹剔透的薄胎瓷，使青花色彩显得异彩纷呈，暗淡迷离的灯光，像是在喃喃细语，使整个休息空间营造出一种安静、祥和、浪漫的诗意氛围，一种亲切感油然而生。此时，如若伴着低语的古筝、一杯清茶，躺在柔软舒适的卧椅上，那种感觉仿佛置身于梦幻的世界中。这种风格简约、古朴，令人睹物生情，美的记忆被这些柔和的灯光反复撩动，带来挥之不去的情怀，而正是这种自然又有着微妙变化的灯光使人们爱不释手，也同样使人们从一天的疲劳之中得到释放。

陶瓷灯饰与字画、植物等在室内的装饰作用一样，一方面，它是独立的艺术品形式，具有审美的艺术价值；另一方面，它在满足人们使用功能的同时起到点缀室内环境的作用。更重要的是它使人安宁、放松、修身养性，可以排解积累在人们心灵上的郁闷和忧虑，缓解人们的紧张情绪，增添一种全新的人性化的生活审美情趣。

(三) 建筑卫生陶瓷是室内设计的必需品

在工业生产用及工业产品用陶瓷中，建筑卫生陶瓷是工业陶瓷最具装饰作用的陶瓷。建筑卫生陶瓷主要指用于修饰墙面、铺设地面、装配卫浴空间以及作为装饰和建筑零件的各种陶瓷材料制品。建筑卫生陶瓷，构造致密、质地均匀，有较高的强度和硬度，耐磨、耐水、耐酸碱化学腐蚀，耐久性好，可制成一定的花形和色彩，并能根据需要镶嵌成各种画面和图案，是建筑、装饰以及卫浴设备的材料首选。

1. 面砖

瓷砖是目前室内装修使用较多的装饰材料之一，常用于大厅、走廊、厨房、卫生间等墙壁和地面的装饰。在装修的过程中，使用面积最大、最为显眼的就是瓷砖了。现如今，瓷砖以其花色多样、品种繁多、性价比高等特点在家庭装修中担当了重要的角色，铺装了瓷砖的家居总给人以宽大明亮之感，而且它十分便于清洁，受到人们的青睐。近年来，随着陶瓷艺术和现代装饰文化的发展，陶瓷面砖在建筑领域和环境艺术领域拥有广阔的前景。

瓷质釉面砖从开发以来，一直是室内铺贴中最传统的产品。在时尚潮流的不断冲击下，原本瓷质釉面砖以白色、米色为主，又或点缀以简单的线条，而今釉面砖开始了升级换代。目前市场上色调明快而又简约的瓷质釉面砖及具有金属质感的金属釉瓷砖已经取代了传统釉面砖，呈现出截然不同的装饰风格，或典雅，或复古，或自然，或古朴，或粗犷。风格各异、流派纷呈的釉面砖已经引领了家居装饰不同的流行风格，因此非常受现代人们的关注。

与传统瓷砖相比，仿古砖在现代室内铺贴中的应用无疑也是一个热点，其风格迥异的装饰特点已经在铺贴产品中占有一席之地。仿古砖多用在大户型或别墅的门厅、客厅等区域，显示主人温文尔雅的高贵品位。

瓷砖在室内空间的应用中，其色彩的搭配与拼贴对室内氛围的营造起着重要的作用。瓷砖是最能展现出强烈的视觉感的商品，在一些需要强化的空间，可以运用色彩丰富的瓷砖来表现。比如，蓝色和绿色系列的面砖，很容易让人联想到天空的深邃和草原的辽阔，将蓝色和绿色的瓷砖应用在餐厅中，可让人体会到田园风格的自然和愉悦；红色系列的地砖，使地面看上去很华丽，有一种振奋的感觉；而灰色系列的地砖具有文化品位和大自然风情；如欲增加地面的层次感和结构感，可以用黑与白的对比来表现。又如，米黄色系列的地砖最适合客厅地面，是客厅地面的主色调，使居室有一种富丽堂皇的高贵与典雅，既古朴自然，又显得厚重而富有内涵。

另外，色彩丰富的瓷砖的使用不一定是大面积的铺设，很多情况下应该是只为增添情调和趣味而进行点缀，可以获得别具一格的空间效果。现代陶瓷面砖设计不仅追求其装饰性、文化性和趣味性，而且注重于它的实用性，是多种功能的结合，具有综合性的使用价值。

在现代室内设计中，室内界面适当用青花瓷砖进行铺贴装饰，能给人以高雅、鲜明、清澈之感。如由欧神诺陶瓷生产的青花瓷砖，以景德镇传统艺术陶瓷（青花、玲珑、粉彩及颜色釉）为蓝本，结合现代建筑

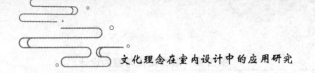

陶瓷装饰风格，设计出景德镇风系列瓷片内墙砖。青翠欲滴的蓝色花纹显得幽倩美观，明净素雅，清丽娟秀。产品广泛应用于厨卫空间、高档别墅、酒店、茶馆、中式餐厅等场所，呈现独特的人文魅力。

2. 洁具

在室内设计中，不仅要用高雅的艺术品来装饰空间，而且对洁具开始有了美化的要求。室内卫浴中，起装饰作用的产品不仅仅是美丽丰富的陶瓷面砖。由于洁具在卫生间里更为直观，更具立体感，且有很强的视觉冲击力，因此陶瓷洁具自身的装饰美感和其在室内设计中的合理应用更为值得人们思考。

陶瓷洁具的款式讲究新颖，色泽讲究丰富。比如，洗手盆的款式有荷花形、蘑菇形、鹅蛋形、波浪形、多边形、仿动物造型等。这些款式楚楚动人，栩栩如生，为家庭营造了和谐的气氛，为宾馆增添华丽的氛围感。这些不同款式的洗手盆，不仅适用于酒店、会所等大型场所，也适用于家居空间。比如荷花形洗手盆，它的功能效应不仅是个洗手用具，更像是一朵亭亭玉立的荷花，增加了卫浴空间的艺术装饰效果，给人以视觉冲击力，带来心情的愉悦感。

一千个人就有一千个哈姆雷特，一个空间也有无限个可能。尽管目前市场上的洁具仍以白色系为主，但是随着人们视觉审美的疲劳，审美艺术品位的增强，一些注入中国传统文化元素的陶瓷洁具蜂拥而起，如青花元素介入的陶瓷洁具在卫浴空间中频繁出现，它的融入打破了沉闷乏味的浴室气氛，增强了卫浴空间装饰的艺术性，也体现了主人的文化内涵和审美品位，起到了画龙点睛的作用。

青花瓷作为中国陶瓷文化中的瑰宝，蓝白相映，怡然成趣，素有"永不凋谢的青花"之称。在陶瓷卫浴产品的设计中，把湛蓝的青花与洁白的陶瓷融于一体，使卫浴空间既具有风雅古朴的韵味，又不失华丽时尚的现代感。如图 5-4 所示，该青花古韵系列卫浴产品，借远古之风，再度写意中国文化的古风古韵，将青花瓷清丽素雅又不失矜持持重的风格糅合进卫浴产品设计中，尽显中国风尚。从造型来看，青花古韵浴室柜采用艺术造型的面盆，圆形的面盆和柜门上相同形状的青花瓷盘相得益彰。印有青花纹样的马桶形态优美，简单的造型极具朴素内涵和经久耐看的质感，集功能性与艺术性于一体，无论是在家居还是在酒店等公共室内卫浴空间中，都非常适合。

图 5-4　卫浴展品

（四）青花元素在室内空间中的跨越式演绎

追逐潮流但不盲目跟风，崇尚传统但不过分古板，你可以在一块厚厚的纯棉浴巾上找到鸳鸯戏水图，书房的西洋吊灯上印的却是鬼谷子下山图，或者在客厅古董架上的青瓷花瓶里找到刚刚新换过的多色玫瑰……这就是如今都市人群对传统文化的理解，他们欣赏但不盲从，他们喜欢让其嫁接、让其变异、让其更加鲜活，总之，就是要玩出个性、用出自我。

青花瓷，历经岁月的风霜，其清逸、高雅、自然脱俗的风情成为现代设计的流行元素。当然，那些历久弥新的青花图案不再停留在古老的花瓶上，而是盛放在家中的每一个角落，从家具到灯饰，从墙砖到洁具，从床上用品到餐具，所到之处，青花用它独有的韵味重写一阕阕婉约的辞章。

1. 织物

青花图案装饰清新、雅致，其强烈的装饰效果符合现代人的艺术品位。在室内织物的设计中，人们可以顺应时代的特性，不断追求时尚与潮流的生活方式，运用艺术设计的语言对青花元素应用的范围不断拓展，通过借鉴青花的蓝白色彩体系和对青花纹饰的变形、重组，设计出既具时尚特性又不失传统文化特色的室内织物。

如图 5-5 所示，青花图案的沙发将天青色和现代造型的瓷盘融入布艺中，清雅别致，让人耳目一新。这类单体沙发是房间里很好的点缀，置于蓝白色调的现代风格空间中，更能突显其素雅不俗。搭配中式圈椅、官帽椅也两相宜，不失东方味道，如果是用于休闲区，淡然的写意中还能多一份婉约。

图 5-5 青花图案的沙发

2. 家具家电

陶瓷装饰作为一种时尚的产品装饰元素，具有很强的文化性和艺术性。怎样使产品外观更具气质，符合中国传统审美价值？这就要运用科学的设计思维，对装饰陶瓷元素进行合理的纹样提取与色彩搭配。中国传统青花瓷器以纯净、朴素、幽美的艺术形象闻名于世。很多青花装饰图案延续了数十年乃至上百年，是陶瓷艺人们长期探索、创造发明的智慧的结晶，经过大量复制，不断改进，从而形成了各种定型的装饰画面。

将这些装饰元素植入现代家具家电产品的外观设计中，在满足人们对产品使用功能的同时，提升室内空间的艺术气息。

青花瓷，作为中国瓷中魁冠，其清新自然的蓝白基调，如水墨滴落、浓淡不一地舒散，极具中国传统水墨画之神韵。如图 5-6 所示，这款青花风格的衣柜，将青花瓷盘图案融入家具，在纯白的烤漆板或晶莹剔透的水晶板上，勾勒出青花的清逸、高雅和自然脱俗，它打破了传统的观念，很有创意，有较高的欣赏价值。独具艺术风味的青花与时尚服饰形成卧室里的一道风景。

图 5-6　青花风格衣柜

如图 5-7 所示，这款座椅繁复精美的花纹，淡雅清幽的色泽，使整个居室透着淡美的韵调，青花瓷图案的椅子和地板给空间增添了古典美。

图 5-7　青花风格椅子

同样，许多家电产品也悄然跟风，出现了许多带有浓重中国色彩的产品。青花图案被普遍应用在家电的设计中，如图5-8这款青花风格的热水器，打破了以往的单调外观，在冰白色背景下，配以淡雅的青花花纹，清新的外观设计给它增添了一份新鲜的血液，使它看起来极具艺术气质，淡雅素净，赋予了该产品以很强的中国特色。

图5-8　青花风格热水器

二、案例分析——江西景德镇市昌飞宾馆室内设计方案

江西景德镇市昌飞宾馆坐落于被誉为"千年瓷都"的城市。这里依山傍水，风景秀丽。昌飞宾馆的室内设计方案，融入了瓷都景德镇的传统装饰特色——陶瓷。该宾馆以景德镇独具特色的青花瓷为其装饰的创意方向，运用现代设计的方法，提取陶瓷装饰中丰富的设计元素，集中国传统特色装饰与现代设计理念于一身。

如图5-9所示，酒店入口正立面以青花瓷片元素，设计成十多扇活页形式的窗式造型，寓意昌飞人开放包容的胸襟及创新发展的新视野。接待总台处以中式特色屏风围合，背景以木色形成宾至如归的温馨、亲切的友好氛围。总台背景用陶瓷圆盘装饰墙面，不仅体现了浓郁的地域特色，也迎合了来宾对时尚感的追求，营造出轻松愉悦、趣味盎然的接待空间。另外，首层大堂设计以具有动感的流线型水晶吊灯贯穿较为狭长的大堂空间，周边流动的波浪造型天花呼应吊灯造型，充满动感活力。

图 5-9　酒店大堂

二层中餐厅以原创陶瓷飞碟造型作为吊顶装饰，增加餐饮空间的情趣和灵动感。蓝色的桌布与米白色的座椅也是对青与白意境的追求与体现，对青花之意的提取也不失为一种刻意的巧妙表现。地面以硬质木地板、软质竹纹图案地毯与天花陶瓷质感相呼应。水景池内装饰金属工艺荷花与墙壁橱柜中的陶瓷工艺品相得益彰，为用餐环境增添了雅致与生机（如图 5-10）。

图 5-10　二层中餐厅

如图 5-11 所示，中餐厅包房以纯净、素雅的艺术笔调，营造高贵、温馨的用餐空间。大型瓷板画成为整个包房的观赏中心点，尽显中国水墨画、书法和陶瓷这三种艺术完美结合，使得中国风的韵味在包房中表现得淋漓尽致。此外，亚克力吊灯与纯白色的桌布相映生辉，地面配写意中国画地毯，典雅别致，充满人文情怀。

图 5-11　中餐厅包房

如图 5-12 所示，大会议室的设计，延续公共空间的整体风格，体现高效、整洁而又儒雅的艺术品位。组合吊灯、大型投影屏幕，将会议空间的功能性作为重点，两侧墙面以简洁的木饰面装饰，点缀陶瓷圆盘，既呼应了大空间的装饰陶瓷元素，又让整个会议室气氛活跃起来。白色真皮座椅在蓝紫色地毯的衬托下，显得特别精神干练。上下空间蓝白色彩的对应和互衬，使得会议室空间显得特别明快、干净和静谧。

图 5-12　大会议室

标准双人房遵循简洁、实用、人性化为原则，将青花瓷图案提炼作为床背景装饰，渲染了空间的气氛。简洁的吊顶、素雅的木饰面给人简洁大方之感。地毯花型则由景德镇市花——山茶花演绎而成，让房间变得轻松愉悦（如图 5-13）。

图 5-13　标准双人房

客房走道用块面地毯图案，让长长的客房走道变得有节奏感，与天花造型呼应。墙面大幅装饰画巧妙地将管井门掩饰起来。当然，最值得一提的是房牌的设计，将青花装饰元素与现代科技相结合。它运用亚克力发光片，并将提取的青花图案融合其中，在实现其功能性的同时，达到了很好的艺术装饰效果，打破了走道单调沉闷的气氛（如图 5-14）。

图 5-14　客房走道

第六章　编织艺术与室内设计

第一节　编织艺术概述

一、编织艺术的历史沿革

编织技艺历史悠久，据《易·系辞》记载："上古结绳而治，后世圣人易之以书契。"东汉郑玄在《周易注》中道："结绳为约，事大，大结其绳，事小，小结其绳。"由此可知，古老的先民于旧石器时代已掌握打扎绳结的方法，并用此种方式传播经验、记录信息。结绳技能的掌握与运用拉开了人类文明的序幕，此后，以结绳技能为前身的编织技艺也逐渐进入了人类的生活与历史的发展之中。《易·系辞》中记载："古者伏羲氏之王天下也，仰则观象于天，俯则观法于地，观鸟兽之文与地之宜，近取诸身，远取诸物，于是始作八卦，以通神明之德，以类万物之情，作结绳而为网罟，以佃以渔，盖取诸离。"通过这份记载可知，人类先祖于新石器时代早期就已经学会使用编织的技法用以编结渔网，手工编织技术由此起始。此后，人类利用编织技艺织制衣物御寒保暖，制作网兜狩猎捕鱼，编制筐篓储存物品……编织成为人类生活中不可或缺的重要技能。

编织品最早出现的时间推定在公元前 5000 年古埃及，至公元前七八世纪，编结艺术从中东地区逐步发展到各地。中世纪时期，以手工编织为主的针织品在欧洲形成流行趋势，其中法国与意大利地区的发展规模较大、样式较多。现如今流传下来的大多数的编织样式就创始于 13 世纪的意大利，并在此时形成了相对较为完整的编织针法体系。之后，这些编织工艺由欧洲随移民传至美洲大陆。编织品真正意义上广泛应用于世界各地约在 16 世纪中叶，这时编织品已进入机械化发展。而在 19 世纪末英国的手工艺运动兴起，以手工方式进行编织再度风行。

编织工艺在我国同样有着悠久的历史，且制作技艺十分精湛。早在新石器时代的中晚期，人类便以编织器皿做骨架，涂以黏土烧制成陶器。在西安半坡、庙底沟等新石器时代遗址中出土的陶制器皿上，清晰地显现出由篾席印模印制上去的"十"字纹样与"人"字纹样，部分陶钵底部还粘附有篾席的残片。在浙江余姚的河姆渡遗址中出土的苇席，距今已经跨过了 7000 多年的历史。

到春秋战国时期，编织物已相当精细，植物编织工艺品与生活用品已得到广泛运用，特别是竹编工艺已达到相当水平。这一时期编织品编织技法种类繁多，其中以斜纹编织、盘缠编织技法为主。

唐朝时期，草席的制作与生产已相当普遍，广东藤编的帘幕可编织花卉、鱼鸟等图案。宋代，政府成立了如藤作、竹作等编织生产管理部门。浙江东阳竹编的品种已有花灯、花篮、走马灯等，还可以编织字画、图案等，工艺十分精细巧妙。元朝的农学家王祯所著的《王祯农书》中就当时流行的以植物为原材料的编织品做了大量的详细说明。

到明清时期，许多官吏和士绅开设创建了各种工艺厂、工艺局、工艺传习所等，编织技艺得到了广泛的传播，发展规模也逐步扩大。20 世纪初，出现了一些生产规模较大的编织制品公司，苏州的织席、苏北地区的草柳编等产品畅销全国并远销海外。

二、编织艺术类别

编织艺术随着历史的发展与时间的延续，种类繁多。编织品的类别大致可依据选材的不同、工具的不同及工艺技法上的差异进行分类。植物编织材料在我国有非常悠久的历史，尤其是近年来藤制品、竹制品、草编制品市场逐渐升温，得益于改革开放以来经济的飞速发展和人民生活水平的不断提高。我国主要有六大植物编织材料，分别为棕编、麻编、草编、柳编、竹编、藤编。

（一）材质分类

1. 草编

草编属于我国传统的手工工艺，在漫长的历史长河中受到了百姓的欢迎和认可，体现了中华文化的深厚底蕴，而且具有较高的审美愉悦和鉴赏功能。目前中国最早的草编遗物距今已经有 7000 年之久，由生活在长江中下游的河姆渡人制作。根据《礼记》记载，周代已有以"莞"编制的莞席了，而且当时已有专业的"草工""作苇之器"。到春秋战国时期，已有用萱麻和蒲草编制的斗笠。

作为一种广为流行的民间传统手工艺，普通的百姓或民间手工艺人一般就地取材，利用当地盛产的柔韧的草本植物为原料进行加工编织，制成具有使用功能的生活用品，或者通过对原材料进行色彩浸染编织各种图案样式，完成后印刷装饰纹样，富有朴素雅致的风格。

草编制品生产过程大体分为七个环节，生产过程均为手工。

（1）选料：草编制品的原材料丰富，在选料时有所不同，根据原材料的自然特征和编制用途进行选择。

（2）上色：按照设计的规定，将颜色均匀地涂抹在上面，放置在阳光下直至晒干。

（3）浸泡：根据原材料的质地设置不同的浸泡时间，将涂有颜色的用料浸泡在水中，使其变软，利于编织。

（4）编织：根据模具的形状和大小或者固定的形状和规格进行编织。

（5）熏蒸：将成品放置在熏蒸室，进行长时间密封状态的熏蒸。

（6）晾晒：熏蒸完成之后，编织品要立刻再次进行晾晒，防止编织品变形或者材料发霉。

（7）刷漆：在编织完成后涂刷清漆，增加亮度，保持色彩。

草编原材料生长地域广泛，因此草编制品在我国分布地区也相对较多，主要有山东、浙江、广东、河南等地。适于草编的用草草茎光滑，节少，质细而柔韧，有较强的拉力和耐折性。采割来的草料先要挑选，梳理整齐，进行初加工后，方可编织。传统草编工艺分类主要按照原材料来划分，有"草本类"和"木本类"两种。目前流行的一种分类方式是按照草制品的用途，大致分为生活用器类、家具类、衣着类和建筑及室内装饰类。笔者在对山东省滨州市博兴县的草编材料调研后，对山东地区的草编材料做了详细的分析。由于地理位置及自然条件因素的影响，山东省滨州地区近年来以芦苇、蒲草编制各种草墙席居多。菏泽地区巨野县多以芦苇、蒲草和麦秸秆制作墙壁装饰纸，这些墙体装饰覆盖物由于其独特天然的原料质地与朴素的自然光泽，具有很高的使用价值，使传统的草编材料成为现代建筑及室内装饰材料。

作为中国传统的民间手工艺，草编技艺是劳动人民在长期的社会实践中逐渐形成的民间技术，具有丰厚的文化底蕴、文化积淀，巧妙地将实用性与艺术性结为一体，具有传统的特色魅力，其价值不仅仅是一种经济实用链条，也是认识和利用自然规律的重要手段，更具有较高的审美愉悦和鉴赏功能。

2. 竹编

竹子自古以来就受到人们的广泛喜爱，竹编是以竹子为原材料编织成型的造型技法，在人们的日常生活中具有重要的地位和作用。中国利用竹子制作器物最早出现在 2000 多年前春秋战国时期。在小屯殷墓中发掘出土的铜戈上，发现了细致的竹编刻纹，间接证实了当时已经存在竹编器。

竹编工艺又被称为竹细工，它作为一种传统造型工艺，有着很多的细分种类，是集合了竹子的柔韧特性和人类的智慧技巧的产物，具有深厚的历史文化底蕴和高超的技艺水平。竹编是指竹丝篾片的挑压交织，竹编工艺技法千姿百态，但无论它怎样变化，最终都离不开"挑一压一"的基本编织技法。

从应用方面来看，现代设计竹制品主要包含六大类，其一为竹制家具，其二为竹制生活用品，其三为竹制工艺品，其四为竹制包装，其五为竹制灯具，最后一种为竹制装饰材料。竹制品种类繁多，常作为工艺品的陈设物件、篮、筐、篓类，其造型各异的特点使竹制品在室内空间中不单单是生活用品，更是发挥着装饰品、艺术品的作用。

其中，竹制装饰材料是将竹篾编织成长幅的如同布匹般的半成品，多种规格可以随意剪裁，通过一定的形式将竹子材料与客体有机结合，增强空间的审美意象和内在价值。竹制装饰材料具有多种优点，如吸水性良好、稳定性强、质地坚硬、耐磨性高和天然环保，由于其导热系数低，所以具有冬暖夏凉的特性。竹制绿色装饰材料的应用，成为替代木材的新宠，广泛应用于家具生产和室内墙体贴面装饰、分割空间的作用。

竹编制品生产过程大体分为三个环节。

（1）起底：对原竹进行特殊处理，先将竹子进行暴晒、淋雨，反复几次后刮去竹节和竹毛部分，处理完后一分为二剖开，再放在水中浸泡，加大竹子本身的韧性；最后用篾刀将其剖成均匀细条后进行刮光处理，放置在特定位置待被用作编织材料。

（2）编织：用较宽的竹条作为骨架，再使用之前准备好的篾条进行编织。

（3）锁口：编织完毕后进行最后的锁口处理。

竹子生长速度较快、产量较高、清洁环保，自身具有抗压性、耐久性和韧性，因此能够使用在多个方面。选择竹编用材需要考虑竹材的物理特性，包括竹子的含水性、力学强度和容重。通常情况下，当竹材的容重量越大时，强度就越高，劈裂出的篾片韧性就越好，从而越适于编织。生长周期达到三年及以上，竹材品质较高，含水率稳定，适用于制作竹制工艺品；而生长周期少于三年的竹，由于生长未成熟，使用后容易出现发霉、变形的情况，所以不做选择。再者，生长时间过长的竹材，比如五到六年生，其含水率较低，质感坚硬，人工加工难度较大。因此，在选择过程中，通常选择三到四年生的竹材。其中，竹编用材还应考虑到竹子的质量，表层坚硬程度，节长和抗变性强弱，从多方面考虑完成选材的工作。

竹之于东方不仅代表一种植物、一种材料，其风骨更是为东方人所崇尚。在我国传统竹编漫长的历史过程中，竹编工艺也应人们的生产、生活需要而更新，具有极高的实用价值和艺术价值，体现了古代人们单纯、朴素的价值观，每一件竹编制品都蕴藏着特定的文化含义，都潜存着某些生活感悟。可以说，竹编工艺是手工艺、民俗文化、人民的日常生活需要三者之间日益交融的结晶，是中华民族传统手工艺中一颗璀璨的明珠。

3. 藤编

藤编出现在唐代，当时两广居民多用藤编织成帘幕，甚至用藤条编成花鸟图和鱼虫图，在当时，编织的工艺和技巧已经达到一定水平。20世纪80年代以来，湖南、浙江、云南等地发展藤编生产，主要见于广东省的江门、中山、佛山等地。

藤编一般经过打藤（削去藤上的节疤）、拣藤、洗藤、晒藤、拗藤、拉藤（剑藤）、削藤、漂白、染色、编织、上油漆等十几道工序。竹编、藤编与草编一样，以其广泛的使用价值深受人们的青睐。藤编产品在诸

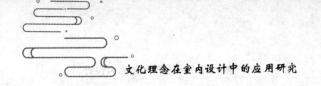

多藤编艺人的辛勤劳动下结构日臻完善，总体分为两大类：半成品和编织品。

半成品是主要用小径藤加工成藤皮及藤芯，用以生产编织品，本身也可出售。编织品主要分为藤笪、藤席、藤织件、藤家具四大类。其中可用于室内空间间隔和空间界面装饰的藤笪制品有多种规格，有眼直、稀直（方形眼孔）及密直（无眼孔），主要产品为眼直，共6个品种，高质量印尼藤开出的笪丝方可编织2、2.25和2.66眼3种藤笪，一般原藤只能用于编织1、1.33及1.6眼3种，人们可以根据室内空间需要选择使用。

藤织件品种及规格繁多，常具有独特的艺术性。藤企业将其归纳为几个主要种类，分别为动物型、餐篮类、斗碟类和架类。市场上，藤织件造型各异，使用在室内空间中，不单单是使用品，更是发挥着装饰品、艺术品的作用。

（二）工具分类

以工具种类进行划分基本上可以分为手工编织与机械编织。

第一，在手工编织的基础上，不需要借助任何工具，仅用双手完成的编织，如草编、藤编、竹编等。也有棒针、钩针、棒槌编等以手和小工具结合而成的编织方式。纯手工的编织品具有密集或稀疏的纹理与凸出或凹陷的变化，粗犷且质朴。棒针编织、钩针编织等针法变化多样，艺术效果与外形随意多变，活泼且生动。

第二，机械编织即用现代化的机械工具完成编织品的制作。机械编织快速高效，能够满足当今市场经济的需求，但是制作出的编织品样式往往呆板、单一，在艺术感染力上与手工编织无法比拟。

（三）技法分类

工艺技法是编织艺术的灵魂，编织材质在经过技法的加工组织后形成的肌理与纹饰图案具有很强的装饰性与艺术感。可以根据不同材质的不同特性，通过编织的技法加工出所需的形态与样式。常用的编织技法有编织、包缠、钉串、盘结等。此外还有织花、栽绒、胶背、万缕丝等工艺技术。

三、编织艺术的审美特征

编织艺术在时间的推移中不断发展与演变，以多样多元的表现形式创造着自己独特的审美特征，激发着人们的审美感情。哲学家黑格尔在他所著的《美学》中提道："美之要素存在两种：其一为内在的，即内容，而其二则是外在的，即借由内容显现出意蕴与特性的东西。"任何艺术形式的美都是内在美与外在美的统一，都有自己独特的审美语言。编织艺术以其丰富的材质、肌理、形态、色彩等要素促成独特且极富个性的表层视觉审美形式，通过视觉上的表达进而深入人的心理感受，形成深层次的文化内涵与精神情感的审美。

编织艺术的外在美与内在美的形式共同形成了编织艺术的审美特征，二者都承载着各自独立的审美特色，又在彼此的渗透中融合为统一的审美主体。

（一）材料美

编织艺术取材广泛，内容丰富，不同材质的特性差异表现出各自不同的美感，竹、柳、藤等自然材质具有一种质朴纯真的天然美。棉、毛、麻或人造纤维材质带有一种柔性美。设计师与艺术家通过思维的转化与发散，打破传统材质的限制，发掘更多材质表现编织艺术之美的可能性，赋予编织艺术更丰富的审美价值。随着技术与科技的日益发展与进步，新型的材质不断涌现，从而使编织艺术的材质美更加丰富。

（二）肌理美

编织艺术通过材质的自由加工、组织与塑形形成表面不同的肌理形态。不同的肌理组织与变化形成了编织艺术独特的审美特征。肌理的凹凸起伏，使人感受到前进与后退之间的视觉美感；组织的稀疏与密集，形成了松弛与紧张感相间的节奏美感；肌理的细腻与粗犷，又产生了独特的触觉美感；肌理的有序排列又形成了强烈的秩序美。编织艺术的创作，要把握好材质的肌理表现，使单纯的材质美进一步升华为肌理美。

（三）色彩美

编织艺术的色彩美表现为天然材质的色彩所呈现出的不规则、不均匀的自然美，还有人造材质的色彩所呈现出的细腻丰富、千变万化的自由美。编织艺术中可运用邻近的色彩语言，构成更为整体的色彩表现形式，也可通过色彩的对比，形成强烈、浓郁的艺术效果。

（四）形态美

编织艺术具有很好的可塑性，其经纬交错的结构形态，形成了独特的视觉美感。编织的工艺技法更是将不同的材质塑造出多样的空间形态。首先，硬性的材质通过编织的组合，呈现出具有弹性与张力的形态美，软质的材质与不同编织技法的交织，展现出各式结构形态的秩序美与艺术美。其次，编织的平面结构形态，密集的重叠或渐变，增强了视觉上的深度，形成了充满节奏与韵律的动态美。编织的立体结构形态，自由的抽象变形与具象形态的塑造都在规则的结构形态下展现出不规则的形态美。

（五）空间美

编织艺术在二维的平面形式上，经纬交织形成的"缝隙"透露出编织艺术特殊的空间美，形成一种会呼吸的通透感。如图 6-1 所示，在三维的空间形式上，肌理的凹凸与编织塑造的轮廓形态都展现了空间美的张力。编织艺术在技法上对肌理的组织，使其呈现的形式在更多的情况下介于二维与三维之间，这是编织艺术所特有的空间美。如编织的墙饰、壁挂等形式。

图6-1　编织艺术形成的"缝隙"体现编织艺术的空间美

在欣赏编织艺术作品表层外在美的同时，还应该通过这些表层的审美形式去挖掘它更深层次的内在审美。编织之所以被称为一种艺术，是因为其自身有着悠久的历史，独特、丰富的文化内涵与内在的生命力，形成了具有地域性、民族性和时代性的文化系统。由对文化系统的认同感再向人的情感层面深入，人在欣赏中将情感因素注入其中，透过对编织文化脉络的认知形成深层次的审美思考，在识别与欣赏编织艺术之美的同时也获得了相应的情感补给。

第二节　植物编织材料在室内设计中的应用优势与原则

一、植物编织材料在室内设计中的应用优势

植物编织材料因其种类的丰富与材料的可塑性，拥有与其他装饰材料不同的优点。

（一）适用于多种室内空间的表现

人们审美意识与思想观念的不断提升，使其对于室内空间环境有了更高的需求，单一的空间类型、陈旧的空间形式、常见材料的使用在快速变化的时代中不足以满足人们的需求，人们对室内空间有更加多样化的要求。植物编织材料拥有丰富的种类，材料种类之中所传达的自然属

性各异，如粗糙感强烈的草编与细腻感强烈的竹编垂帘等属性在不同的室内空间中的表达，人们能够通过这些材料属性获取到灵巧或稳重、精致或粗犷的心理感受，为空间氛围的形成提供良好的展示媒介。从自然物到成品化的过程中，材料会呈现出多样的物质形式，更适用于多种室内空间的表现。

（二）具有艺术化的表现力

室内空间的设计不仅要求其具有基本的使用功能与舒适性，艺术性的表达也成为一种重要的发展趋势，逐渐深入人们生活的室内空间设计中。植物编织材料有着独特的材料特征，其本身就是一件大自然赐予人们的艺术品。通过合理化的设计手段，便可以灵活地服务于这种艺术性的表达。Soneva Kiri 度假酒店（如图 6-2），从当地的环境特色出发，在酒店设计中利用竹藤材料的干阑式建筑，可以看出室内空间，呈现不对称的弧形，其内部顶部和墙面采取了弯曲的藤条、藤编形状，能够给进入酒店的人带来强烈的视觉冲击。公共区域空间主要采用了藤和竹两种材料，向公众展现出一种生态自然、自由流畅的空间美。

图 6-2　曲线竹编、藤编材料在空间中的艺术化表现

（三）具有情景的体验性

美国经济学家 B. 约瑟夫·派恩二世和詹姆斯·H. 吉尔摩 1998 年在

《哈佛商业评论》中指出："继产品经济和服务经济之后，体验经济时代已经到来，21世纪已经进入了体验经济的时代。"在体验经济的环境下，人们对室内空间也有了更高的要求。现代的室内设计不仅要求展示出空间大环境和结构，也更趋向于一种体验式的设计表现，这种表现方式可以通过装饰材料表皮肌理的表现力、视觉传染力进行传达，能够使人们接收到更为清晰、更为真实的体验效果。具有生命本质特征的植物编织材料更有利于人们对其产生情感体验，这种体验主要体现在两个方面。

1. 视觉体验

因为植物编织材料携带大量的地域文化特征和自然环境特色，因此，当人们在观看编织材料的同时，材料就会直接传递信息，这种信息能够带给人一种新奇的感受，甚至留下长期的影响。千岛湖云水阁（如图6-3）中原竹以最原始的形态进行顶部界面的覆盖，会让你产生一种"模糊"的内在空间识别，使进入者感受到原生竹子之间的联系，营造出亲近自然、与自然接触的良好的环境和氛围。

图 6-3 顶面竹编的装饰带给人的视觉体验

2. 触觉体验

装饰材料是室内设计的重要组成部分，是达到理想室内环境的前提条件，合理运用装饰材料的质感可使室内空间环境和谐统一，突出装饰个性与装饰主题，达到美的意境。植物编织材料带有本身所特有的、现代化的工业材料所不能比拟的质感。人们用工业化材料模拟植物编织材料的纹理、色彩，但是不能模拟出人体与之接触时所产生的触觉体验，这种触觉体验是由编织材料的质感所引发的。事实上，不同的植物编织材料所对应的质地往往是不相同的，尽管可能相似，但一定会存在或多或少的差异，而触觉体验更为丰富，这也是其最独特的。如原藤与加工藤条表面质感具有不同的质地，通过观察和接触其表面，人们可以感受到粗糙与光滑等触觉体验。

由此得出，绿色植物作为对人类发展有益的物质，成为人类对自然植物的美好向往。它是自然的产物，源于自然的和谐美，还是具有可持续属性的装饰材料，以绿色植物作为材料来装饰人们的空间也变得顺理成章。在植物在环境装饰领域的研究中，除了起到空间界定作用、比例效应等特点，其自然科学的肌理也是不可忽视的美感来源，大到整体植物自然合理的生长结构形成的肌理，小到穿插有序的脉络纹理，这些都不是人为所能造出来的。所以，它作为一种生态的，经济的、可持续的装饰材料具有不可忽略性，为空间带来肌理美。

（四）植物编织材料调节空气干湿度

室内空间中空气的干湿度对人体可以产生直接的影响，直接关系到居住者的身体健康状况，重视对室内气候湿度的设计，能够使人们的空间环境更加舒适。植物编织材料对水分的把握比较敏感，比如人们日常生活中使用到的凉席、藤编沙发和墙上使用的芦苇挂帘等，这些材料本身具有松散的材质特征，能够储存水分子并在需要的时候释放出来，从而能够调节室内微气候。

二、植物编织材料在室内设计中的应用原则

在室内设计的过程中，创新使用植物编织材料的设计需要科学性原则和艺术性原则的统一结合，设计理念能够对材料的使用和设计产生巨大的作用，能够使思想理念的设计变为现实。然而，在创新性设计的过

程中需要考虑到材料的物理属性，不做强行更改或者不合理使用。只有这样，创新性的设计才能够使材料变化成更为丰富的、适用于室内空间表现的使用方式。

（一）尊重自然的原则

自人类诞生之前，植物就已经存在，植物是生态环境中不可缺少的一部分。因此，对植物进行多样化形式的创新时，需要根据植物特有的、固有的天然属性，而非随意创造。物质材料与其外在的形式美之间不可分离，即使在当今高科技技术之下，也无法完全拷取植物材料的天然特征，更无法代替植物背后所蕴含的情感特征。因此，在使用植物编织材料时，尤其是在创新性使用过程中，需要尽可能地保留材料本身的天然特征，在不掩盖其本质的前提下进行创作，丰富其外在形象。其中，天然特征是区别于现代工业材料的不同之处，也是大自然留给人类的信息，通过植物的天然特征，尽可能地在空间设计的过程中保持植物编织材料的本质，最大化实现其内在优势。综上所述，植物编织材料的形式应当依靠材料本身的属性，同时反映出自然物的灵魂，使设计成果不仅具有物质价值，而且具有精神价值，让使用者更加用心地对待设计成果。从某种程度来看，这也体现了与自然和谐相处、尊重自然的理念。

（二）尊重本土地域性的原则

本土化设计思想最早出现在建筑界，1989 年 9 月出版《广义建筑学》地区论中提出许多关于建筑与自然环境、建筑创作思想的地区主义等理论，1998 年国内地区主义研究的重要理论之一——"乡土建筑现代化，现代建筑地方化"的观点由吴良镛先生提出。

本土地域性凸显的是地域的特殊性，主要考虑到就地取材和因地制宜，合理利用当地的资源，实现价值最大化，在没有附加外来的装饰下，营造适合本土人民生活的室内环境。植物编织材料所产生的地域和当地的自然、生活环境是密不可分的，它不仅仅是一种可以使用的材料，更多的是它能展现出当地的历史、生态、生产水平和生活习惯，这是一种文化内涵的体现。比如在我国山东地区，芦苇资源丰富，当地人更多地使用苇秆编织的苇帘作为室内的墙体装饰材料；或者是在长江中下游的湖南、四川等地，竹资源较为丰富，当地人使用竹材来建造竹楼供居住使用。这些都证明采用具有地域性的装饰材料来进行空间的设计，是具有很强的识别性和经济性的。因此传统的编织工艺与编织材料是各民族社会生活、思想风貌、审美情趣等广泛内容的载体，每个地区独特的地理资源决定着编织材料的供应和使用，深厚的文化底蕴赋予居住环境以精神内涵。

（三）以人为本的原则

从人们的生理、心理需求出发，设计出功能及形式多样、富有特色的空间环境，来满足使用者的不同需求，这是对以人为本原则最贴切的表达。人们所遵循的是为人而不是为物的室内设计宗旨，所以植物编织材料运用在室内设计中要体现出"以人为本"的设计理念，材料形式的最终目的是为人服务。因此，无论以何种形式进行创新，都需要考虑到使用者的感受，过度追求形式的创新，破坏了使用者的生活习惯，甚至影响其身体健康，这种创新设计无疑是失败的。根据空间设计的要求，在空间设计时需要考虑到空间的整体布局和使用者的心理要素，还需考虑到植物编织材料与空间其他因素是否合适。植物编织材料能够发挥一种精神的作用，更能够增强人类的情感表达，凸显空间设计的人本观念。

（四）适当设计的原则

适当利用植物编织材料，并根据材料的特征合理设计，既减少了不必要材料的消耗，又能够实现室内空间价值的最大化，满足空间使用者的需求。因此，利用植物编织材料进行室内空间设计时，需要重点从室内空间设置的整体出发，考虑到空间的承载能力，结合设计的理念和概念，根据植物的基本属性和特征，最终决定以何种方式设计或者使用何种材料。

在室内空间设计时适当地加入植物编织材料的因素，其原因主要有以下两个方面。

第一，植物编织材料来源于大自然，其自身含有大量的细菌和微生物，而室内空间又是与人有着长期亲密接触的，这种情况下，如果不对植物材料进行消毒和杀菌处理，很容易对身体健康造成危害，而加工处理的过程中无疑会增加制作的成本。藤条、竹、草等植物容易被氧化，长时间的氧化使材料出现老化现象，其材质的本质会发生巨大的变化，甚至失去原来的形状，需要考虑到后期对植物材料的保养，这也会增加整体人力物力的投入。因此，设计中利用植物编织材料应当适当、有节制，不宜过多使用，既需要考虑到成本因素和空间的实用性，又要保证空间的美观效果和空间使用人的舒适感，以合理的材料使用设计出性价比较高的空间。

第二，当今社会中，人工材料出现并被大量使用，人们更倾向于选择使用较为便宜、美观的人工材料。植物编织材料的使用程度应该合理设计，既保证空间的舒适度，又不至于过多使用植物编织材料造成长时间使用的粗糙感，重质而不重量更能够凸显植物编织材料的魅力。单纯考虑到自然因素，过多使用植物编织材料，既背离了使用该材质的初衷，也会给人带来一种标新立异的感觉。因此，适当的设计表达才是植物编织材料在未来室内空间设计中应遵循的原则。

第三节　编织艺术在室内装饰设计中的应用

一、编织结构形式对室内空间界限的消解

日本建筑师隈研吾曾在接受《城市环境设计》杂志的采访时提出"材料让建筑'消隐'"的观点，让建筑通过材料的组合削弱其轮廓，更好地被环境"吸收"。现代室内空间在布局分化上也将这种观点融入其中。

排除材质的因素，仅利用编织结构的组合形式来消解空间的边界。无论是分割空间、限定空间、界面转换还是光影编织，人们都能够看到一些关于编织结构形式的相关表达，其特点是使空间内部能够"呼吸"，丰富空间结构层次，使边界在室内空间中"消隐"。空间界线因此而被赋予了更多、更丰富的内涵，而编织结构的应用所做的就是让这些界线更加模糊，更具独特的装饰性，更好地被室内环境"吸收"。

（一）空间的分割

编织线性结构中经纬交错拥有着强烈的秩序感，而编织纹理结构所形成的缝隙与高低交错的形态，使这种秩序感所带来的规则于冷静之中又带有几分变化与灵活。在现代的室内设计中，人们常在墙面与隔断的设计中看到编织结构的表达，用以分割与装饰室内空间。以置物架分割空间是现在比较常用的设计方法，但置物架在设计上更多讲求的是光线与空间之间的渗透。受编织结构的启发，设计师们广开思路，置物架的设计兼顾了实用性与艺术性，在编织整体秩序感的统一之中又存在不规则的"缝隙"。变化与统一相结合，使分隔开的空间既拥有各自的领域感，又规避了全封闭隔断阻碍光线、阻隔视线的缺点。

在日本建筑师隈研吾的设计中，墙面与隔断的装饰上很多都存在着编织的结构痕迹。在大阪某商店（如图6-4）的室内设计中，采用了对蜂窝状的编织纹理模仿的组织形式进行装饰，削弱了室内实体墙面分割空间的冷硬感。组合而成的隔断更是让室内空间的分割自然过渡，相互渗透。坚硬的墙体与柔软的羊毛商品，通过编织结构的有机结合完美融合于同一空间之中的视觉与触觉上的冲突。

图 6-4　某商店室内装饰

(二) 界面的转化

室内空间界面转换，既是将顶面、立面、地面的设计相互转换或联结，在起到装饰作用的同时，增强空间的整体感，加强空间各部分之间的联系。编织结构的特性，通过结构之间的连接与组合，使用渐变与重复的设计手法，能够减少室内各界面转换过渡的违和感，消解界面之间的界线，为刻板、冷静的空间中增添节奏感与韵律感，使设计风格得到统一，室内空间更具活力与张力。

在这里又不得不提到隈研吾的设计。建造于日本爱知县的新作 GC 口腔科学博物馆整体由 6000 根桧木棍搭建而成（如图 6-5）。编织结构经纬线状以三维组合的形式形成细巧而精确的建筑单元。建筑整体由木材构筑而成，削弱了建筑的体量感，并且三根木棍的节点处完全抛弃螺丝、胶水和钉子的联结方式，足见编织结构的稳固。这种结构由外部一直延伸到内部空间，立面与顶面之间的界线完全消隐于同一空间之中。置身其中，人们会被这种结构完全包裹，但不会造成方向感的缺失，相反，它成为一个引导，随着结构的变形与变化，虽没有明确界面的限定，但人们仍然能够任意游弋于室内空间的各个部分。

图 6-5　GC 口腔科学博物馆

　　GC 口腔科学博物馆的设计完全颠覆了传统室内界面的区分，以编织结构的三维组合形式将界面的转化设计应用到极致，内部空间整体统一，虽结构密集地叠加，但因编织的"缝隙"，亦不会造成人心理上的压迫感。

　　不论是木材的交错搭接，还是钢材的对齐焊接，或是石材的堆砌搭建，编织结构在不断丰富室内界面转换设计的装饰与表现形式。编织结构形态灵活的交错叠加形式，使空间界面之间的转化完全不受材料的束缚，规则的面、曲线、曲面、直曲面相接甚至是特殊的造型，都可以在编织结构中得以实现。随着技术的跟进与设计思维的拓展，编织结构的运用更是突破空间的维度，由二维角度向三维化连接探索，发掘出新的转换形式，加深室内空间的一体化。

　　（三）空间的限定

　　室内空间的限定既是以横向或竖向的界面对空间进行围合，或是以界面形式限定出各功能分区的范围。以编织结构为界面限定室内空间，可根据室内环境的不同，以横向、竖向或斜向的结构对空间进行限定，丰富空间层次，调节空间大小。

　　德国汉诺威世界博览会中心大屋顶的规划设计如图 6-6 所示，整体的空间仅由一个巨大的顶部作为限定元素。其设计者是德国著名的建筑师托马斯·赫尔佐格，他的设计目的是力图去构筑一个既能满足室外活动进行又能不受当地不适宜的天气状况影响的半开阔空间。整体设计是由 10 个边长为 40 米 × 40 米、高度为 20 多米的大木伞组成，舒展的编织结构与木材构成了集合力学与美学的完美造型。如水波纹流动的编织结构屋顶，充满律动又不失秩序感的均匀排列，将其余的空间界面完全隐形于巨大的屋顶之下。编织结构的镂空与光影的投射影响着大众心里对边界的存在的判定，在视觉上又与主体展馆与外部空间形成互动与连接。

图 6-6　德国汉诺威世界博览会中心大屋顶的规划设计

编织结构应用于各功能分区范围的空间限定，能有效增强室内空间的层次感，形成主次分明、布置有序、结构合理的内部环境。编织结构与编织品可拼接、折叠、升降，限定的形式形态可根据使用要求而随时启闭或移动位置，所限定的空间范围也可随意或分或合、或宽或窄、或开阔或封闭。如在人数或内容经常变化的公共场所，经常会用编织的幕帘悬吊于顶端视情况来对空间范围进行限定。这种方式，使限定边界时隐时现，结构层次在不断丰富的同时充满了不确定性，人的视觉与心理对空间尺度的感知也随之不断产生变化，空间中的各个区域相互作用、相互影响，构成了一个灵活多变的弹性空间。

（四）光影的渗透

设计师与艺术家们早已注意到了光影的互动与编织结构之间的关联，并以此在探索室内空间的延伸与分化上作出很多独特的尝试与实践，发掘编织结构、光影、空间之间结合的可能性。

来自意大利的艺术家卡罗·贝尔纳迪尼利用光纤投射的激光光线设计出的作品，创造出了令人震撼的视觉效果与空间感受。光线与光线的交错交织划定出了一个以光为界线的有形虚拟空间，就像他《激越的代码》《透水空间》等相关作品，都是以光线之间的编织作为创造空间层次感的工具。置身于这些由光线勾勒的空间之中，随着观者视角的移动与变化，空间结构与形态也在不断变化，模糊了结构的存在形式，在一个角度中交接的部分，在另一个角度的观赏中或许就成为两个分离的形态，使观者自行对空间进行重构，这就产生了视觉上的动感与错觉。

由于作品中光线编织的界定只是以光的形态构成了视觉上的有形分割，而在触觉感知上并没有实体建筑材料的存在感。所以，置身其中去观赏卡罗的作品，肢体可随意地穿过光线，完全不受限制，构成了室内空间形态无限化的延伸与拓展。再者，光本身的照射作用使作品将黑暗的空间点亮，光纤亮度与构成的形体对室内空间逐层渗透或将光纤穿墙而过连接多个空间，使内部环境在明暗之间形成一种延续，加强了空间的纵深感。

二、编织肌理引发室内空间触觉情感

肌理，既物质的"外貌""肌肤"。世界上的每一种物质都拥有各自不同的肌理，根据肌理的特征，人们可以对物质进行认知与辨别。《艺术基础》一书中对肌理（texture）的定义是人体对物体进行触摸或触摸的幻觉从而通过经验得到某种材料的表面特征。肌理是自然力的产物，又或者是艺术家对艺术元素进行处理的产物。

编织肌理，在自然材质组织表现中体现着肌理的自然力，但在更多数的情况下是在自然材料或人工材料的基础之上，通过艺术化的、规律化的技法组织形成的纹理与质感，是人类智慧和艺术创造力的结晶。属于集天然原始肌理、人工肌理、加工肌理于一体的一种综合肌理形式。人们一般通过肢体的触摸来感受编织肌理的质感，通过触觉的感受与刺激获得心理情感上的体验与补给。在室内装饰设计中，编织肌理常以人的触觉体验为出发点，以削弱人与室内环境之间的距离感，协调室内装饰与人心理之间的平衡感，触发情感与意境的深化。

（一）肌理与触觉感知的互动

现代室内装饰设计更多的是追求与人情感上的互动与呼应，力图表达出某种意境能与心理与思想契合。人的情感是丰富多变的，且易受到外界环境的影响。编织肌理装饰于室内环境中，以材质的多样所呈现出不同的肌理形态，对人产生不同的心理感情，传达出的意境也不尽相同。

触觉是在肌肤上的神经受到来自外界压力作用下的刺激与触感而引发的感应与感受，是生物自身的一种感觉。编织肌理排除材料质地的因素，即使是金属材质，但凡经过编织工艺的加工与组织，给受众的感觉都带有一种心理认知上的"柔软"感。在现代室内设计中，设计师往往利用编织肌理这一特性来增加室内环境的柔和感与亲切感，在增强触觉效果的同时更是注重给予受众心理与情感上的感触，形成人与室内环境在生理上与心理上的互动。

人们日常的生活行为与所在的生活环境密不可分，久而久之形成了对环境的认同感，这种对环境的熟悉与认同，促使了人与空间之间的相互适应，从而产生了与空间的互动。当代的室内设计师非常重视考虑材料与空间体验的关系，他们着力通过材料肌理来营造有互动感的空间。编织肌理被当作设计元素应用于室内装饰设计之中，通过人的触觉体验，增强室内装饰设计的表现力和情感的互动性，更好地阐释了设计师细微的思绪和情感。

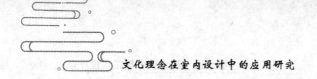

（二）装饰性的"软协调"

编织肌理在室内装饰设计中具有协调作用。在触觉上的柔软协调了构成室内空间的钢筋水泥的冷硬，而视觉上肌理的聚集与变化又协调了室内装饰节奏上的平淡。在协调的方式上分为视觉协调与触觉协调，在这里需要说明的一点是，人对编织肌理的触觉感受还受视觉上的影响。在日常的生活中，人的肌肤在与编织肌理经常的接触中已经逐渐积累了大量的触觉经验，对相应材质组织成的编织肌理形成了与之对应的触觉记忆。所以，当编织肌理出现在室内环境中时，人体虽并未接触到实在的肌理本身，但可以通过视觉观察调动自身存储的相关触觉记忆，感受到编织肌理的触觉特征，这种视觉先入型的感觉人们称之为视触觉。在现代的室内装饰设计中，编织肌理的应用往往是视觉感知与触觉感知的共同作用。

1. 触觉协调

编织肌理形成的凹凸起伏能够迅速调节整体室内空间中平滑的空间界面与家具、电器给予人平淡、冰冷的触觉感受，使室内空间充满触觉上的乐趣与变化。通过肌理语言的丰富，使人的肢体触觉获得不同的体验，编织肌理的柔和触感与室内空间其他材质肌理相互协调，形成和谐统一的空间整体。

荷兰设计师劳伦斯·万·威里根设计的立体地毯，和普通的编织地毯的不同在于它没有利用编织的技法而只表现了编织的肌理，立体地毯是用一个个泡沫弹性材料的地毯小单元在基板上拼合而成，有着高度上的差异，看着就像是层层叠叠的山峦一样。踩上去的感觉柔软舒适，犹如按摩一般，与室内硬质的地面产生触感上鲜明的对比，加之高低不等的变化，强化了室内的触觉体验，使室内装饰在触觉感知上与其他材质调和，以达到相对的平衡感。

2. 视觉协调

肌理在给予人视觉冲击力的同时，还会使人产生联想。例如，蓬松的肌理使人感到放松；板结的肌理使人感到枯燥；柔软的肌理使人感到亲切；刚硬的肌理使人感到退缩。当代编织艺术作品材料和肌理共同承担着重要的角色，具有艺术审美价值。这时，利用材料本身的特性，如可塑性、可控性在作品上作出肌理效果，由编织的材质肌理产生空间感，达到整体上材质与肌理的视觉美。凹凸交错的起伏变化表现在视觉上即产生了空间中的张力，增强了编织艺术视觉上的体积感、空间感、触觉感。肌理的形状、疏密、大小、颜色巧妙控制和搭配都会产生不同的美感。但不论是材料本身固有的肌理还是设计者在手法处理上产生的肌理，都会使作品增添层次效果，给予人强烈的视觉冲击力，也使整个空间充满活泼气息。

由来自加拿大的斯蒂芬妮·佛赛斯和托德·麦克阿伦两位设计师设计的云概念灯是用纸质经过编织肌理的重复制作成云的造型（如图6-7），整体从外部任何方向看经过肌理的柔化作用散发出柔和的光线，似蓝天中的白云，阳光仿佛躲在云层中一般，创造出一种梦幻的、充满生命感与自然感的情感与意境，适合悬挂在个人空间中。编织肌理的密集与堆积使人在视觉上形成与空间顶面部分的对比，构成了肌理的疏密交错。纸质的材质在视觉上产生的柔韧感与编织的结合，引发了人体的触觉记忆，肌理视觉上的对比，协调了室内整体的节奏与氛围。

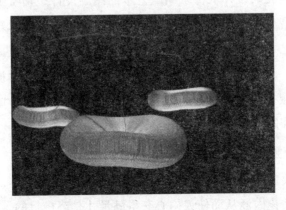

图6-7　云概念灯

三、编织色彩、图案的文化内涵对装饰风格的影响

（一）强化室内装饰风格

室内编织物的色彩与图案是展现室内主体装饰风格最显著的信息，也是统一室内装饰风格最有效的装饰手段。自然编织材质的原始色彩，适合装饰田园风格的室内空间，突出整体环境的自然与质朴。对比强烈、纯度高的色彩在现代及后现代的室内应用更为时尚。而明度高、纯度低的色彩则更适合在现代的简约风格中使用。编织的图案种类多样，表达欧洲传统的绘画内容的壁毯装饰欧式风格的室内空间最合适不过，表达地中海风格的室内空间可以使用条纹图案的地毯来增强风格效果。几何图案拼接组合的编织品最能代表极简主义的室内装饰风格。

东南亚地区地处雨水量丰富、资源富饶的热带，独特的地理位置与多样的材质形成了自己独特的室内装饰风格。东南亚风格的室内空间多以纯天然的藤条、竹子、柚木为装饰材质，藤条编织或藤条与木片、竹条混合编织的墙面、家具是典型的装饰元素，编织手法与材质间的混合形成了不同宽与窄、深与浅的对比，使室内空间的每一个角落都散发着来自热带雨林浓郁的自然之美与东南亚地区独特的民族特色，值得细细观赏与品味。

现代室内装饰设计从传统编织艺术的图案设计中借鉴独特的美感因素，在各种现代艺术观念的交汇和碰撞中表现特有的艺术观念和审美情趣，在编织艺术的影响中展现多姿多彩的表现形式，在民族和地域文化中汲取营养。编织艺术以时代与民族的表现语言交汇与碰撞，对传统文化和民族地域文化加以借鉴与传承，应用于室内装饰设计中，突显了室内环境的装饰风格与地方特色。

（二）增强室内空间文化内涵与艺术氛围

一个完美的室内环境，使人感觉到舒适是设计的基本目标，而增强艺术品位与文化内涵从而使人内心获得满足才是终极目的。无论是商场、

酒店、教学楼、餐厅等公共场所还是私人的公寓、住宅，局部编织艺术应用其色彩与图案所呈现出的艺术特色与文化内涵能够增强整体空间的艺术文化氛围，不仅与室内环境契合，还可以作为室内空间特定意境的表达方式。

清华美术学院教师林乐成制作的巨型作品《山高水长》，由上至下20多米，整体贯穿清华美术学院教学楼的室内空间。作品以天然的羊毛为主要材质，通过细心编织与高超的制作技艺，将创作者内心对天地的认识和对自然的敬意充分表达，并体现了大山大水与君子贤士之间存在精神互通的儒家的思想观念。林乐成教授所编织的这一片"山水"，运用了部分中国传统山水画的线条与构图方式，尽显宁静与内敛的气质又不失大气磅礴的气势。羊毛编织的立体质感使作品中的山水更显真实，也冲淡了由大量金属材质、石材等硬质材质在整体室内空间中堆砌出的冷漠、冷峻感，渲染了教学楼整体空间的艺术氛围，注入了深刻的文化内涵，将学院的艺术与学术气氛推至高潮。

第四节　植物编织材料与室内创新性设计

一、植物编织材料构成形式的创新性设计手法

在人们的传统观念里，自然的植物材料是具有稳定性材料形式，对植物材料的加工是有选择地适用，这种情况符合现象中的"先验"意识。人的主观意识和实际经验能够影响到对常规材料的使用方式，而非深入研究考虑材质的特殊性以及内在的特征。因此，在室内设计中，无论是材料的选择，还是材料的设计造型，都具有重要作用，好的设计作品离不开对材料的合理使用，也离不开设计的美感，只有与材料美感深度结合的作品才是一个好作品。将传统的植物编织通过材料上的应用与现代

设计相结合，就必须有与传统的植物编织材料相异的地方，新形式的出现才能转变现代人对传统植物编织材料的古老印象。

（一）平面编织形式的变化

编织就是将植物编织材料通过特定的形式或者方法，让构成要素形成一定关联，这种关联可能是有规律的，也可能是无规律的，其排列组合的方式考虑到植物编织材料的密度、质量和形态。可以对材料改变其间距、镂空的形状、材料的粗细、颜色的搭配、穿插的前后、编织的方向等具体的编织方式，通过编织的方法发挥材料的可塑性，由平面变为立体，由二维走向三维，打造一种丰富多变的室内空间效果，营造虚实相间的空间感。

编织有规律与非规律之分，人们现在在室内设计中所用到的植物编织材料的构成形式多为规律型，材料元素以相同的尺寸，有序的、固定的形式来组织关系。如图 6-8 所示，这样的编织方式易获得规整有序、紧实感强的构成形态，从而缺少一些生动、自由活泼的感觉。下面以普遍存在的编织材料为例，进行线性转换。

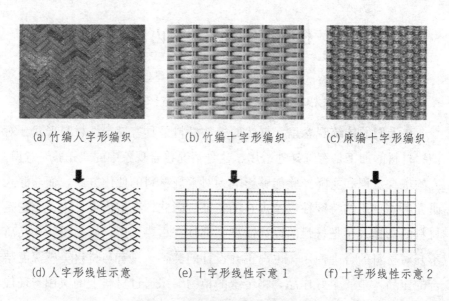

|（a）竹编人字形编织|（b）竹编十字形编织|（c）麻编十字形编织|

|（d）人字形线性示意|（e）十字形线性示意 1|（f）十字形线性示意 2|

图 6-8 紧密的规律型直线编织

第一，人们可以遵照传统编织装饰材料的构成特点进行规律型编织形式的改变，使用相同尺寸的编织元素能够在前期的加工处理中节省大量的劳动力，在后期的编织过程中对编织元素的使用更为方便。要区别于传统的紧密型编织，疏散型与之形成对比，比如前面讲到的竹编灯具的编织形式，竹篾片之间采用基本的编织方法并保持空间间隔，整体上呈现一种镂空的形态，光能够从间隔空隙中散播出来，从而在空间界面中形成斑驳的光影效果，这是单线与单线的编织。多线与多线的编织能产生更丰富的表现效果，通过人们对编织元素疏散有致、聚散得当的编织方式的改变，本书用纯粹的线条对疏散的规律型直线编织绘制出两种简单的表现（如图6-9），线条代表编织元素，线条间围合的空白区域表示镂空部分，其整体的表现形态很好地避免了紧密型的平面编织衍生出的封闭和缺乏活力的感觉。

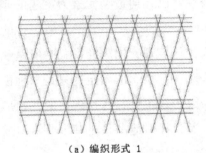

(a) 编织形式 1   (b) 编织形式 2

图 6-9　疏散的规律型直线编织

第二，相同尺寸的编织元素能够在前期的加工处理和后期的编织作业中节省大量的劳动力。利用传统的匠人手工作业与现代的机械加工，编织元素可以按照设计意图处理成不同的尺寸，诸如粗细的差异、薄厚的差异等。相异的编织元素中较粗材料为主，细的材料穿插其中进行编织，如图6-10所示。除了垂直与水平的排列编织，也可以有多角度的倾斜，倾斜的角度不同，构成的形式也随之变化。

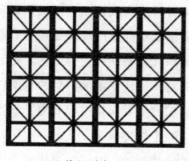 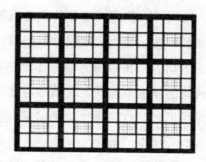

(a) 编织形式 1 　　　　　　　　　　　(b) 编织形式 2

图 6-10　不同编织元素的规律型直线编织

第三，规律型是按照一定的顺序对材料连续使用状态下的表现方式，表现出一种韵律美和节奏美。非规律型可以是材料的整体衔接和局部断开，连接线越多，线与线之间构成的面越封闭；反之，连接线越少，线与线间距越稀松，构成面越具有通透性。以几何造型元素为主题的非规律型直线编织形式设计如图 6-11 所示。线的连接、编织打破规律的模式，以一种跳跃式、灵活多变的方式进行表现，构成的形式中所呈现的几何造型的设计并不是限定的，不是对一个概念的界定，只是一种极为简单的团强化的说法。如果说仅仅局限于编织材料所呈现出的几何形体的理解，其创新本身的意义并不大，因为几何造型只是基本要素组成的结果，人们从中获得创新的思路和方法才是根本所在。

 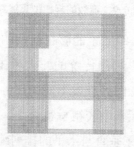 

（a）三角形为主题　　　（b）正方形为主题　　　（c）多边形为主题

图 6-11　以几何造型元素为主题的非规律型直线编织形式

（二）模块化设计

植物编织材料本身具有很好的安全性，原材料取自自然，生产过程多为手工制作，其生产过程中不产生有害物质。本书在第三章提到植物编织材料作为室内装饰材料在室内设计中的运用包括对局部界面的装饰和整体界面的装饰。根据调研，植物编织材料在室内界面的装饰中存在黏贴和借助外力固定两种方法。

1. 黏贴

进行材料的裱糊作业需要借助黏结剂等媒介的辅助，这在无形中造成了有害物质的产生；其次进行植物编织时编织元素相互间的穿插会产生一定的缝隙，覆盖于材料表面的黏结剂等媒介物会透过编织材料的缝隙溢出表面，从而造成材料表面的污染，影响整体的效果。

2. 借助外力进行固定

在进行大面积的墙体装饰作业时，为了整体效果的营造，首先需要对植物编织材料的基本特征进行筛选，比如色彩均匀、纹理清晰等，面积较大的界面对所需要的编织材料的要求也更高。为使编织材料能够平整地附着于墙体界面，就需要借助外力将编织材料牢固地附于墙体界面，这样的施工形式虽然避免材料的直接黏贴带来的污染，但是也具有一定的弊端。比如，长久的雨水渗透、蛀虫的侵蚀等因素会造成植物编织材料表面的霉变、腐烂，对霉变与腐烂的编织材料进行更换时，需要将固定物拆除，将受到损坏的材料进行更换，然后进行重新固定，这样的过程需要耗费大量的人力物力，无形中造成了资源的浪费。

从上述分析中可以看出，现存的对植物编织材料的运用存在着一定的问题，人们需要对其做一些运用方式的改变。相对于平面化的直线编织材料，弯曲和曲折形态是通过改变形态本身进行的变化，其中，弯曲造型是具有针对性的，须根据植物编织材料编织造型和组合方式精心设计，造型设计的前提是材料本身的可塑性。较于二维性的平面编织，曲线表现的三维形式更为丰富。植物编织工艺品有许多曲线的表达，例如竹编工艺中竹丝、竹篾具有很好的柔韧性且又薄又细，柔美的弯曲形成流畅、活泼、轻盈的动态美，这是对材料进行曲折变幻后的呈现。竹篾片、竹丝在曲折变幻之后，能够使植物编织材料具有节奏性和三维立体感，丰富材料的形象。但是，立体编织是有条件限制的，需要结合龙骨或其他固定物才能进行。如图 6-12 所示，这种编织方式更多地被使用在日常生活中体小、精致的器物中，用于大面积的装饰材料具中有一定的局限性。

（a）金属龙骨　　　　　　　　　　　　（b）木龙骨

图 6-12　立体编织骨骼

针对上述植物编织材料的施工方式和立体编织形式的叙述，笔者提出一个合理化建议，即模块化设计。模块化设计指的是对不同类型、不同规格、不同性能的产品进行功能分析，在分析结果的基础上划分功能模块，根据模块的选择和组合的形式，将产品划分为不同种类，进而从设计方面满足市场的需求。比如，烦琐、复杂的半浮雕性质或者立体的曲线编织可作为一个活动的单体，通过模块化的设计，可以使独立存在的、复杂的单体组成尽可能多的形式，并且在满足要求的基础上使每个单体更加稳定、之间的联系更加简单，也能既经济又合理地满足不同的设计要求。将立体竹编器物的底面进行截取，取其中一个部分单独作为一个活动模块，然后将其独立的模块进行排列组合，构成一种具有体量感的面域。它们之间是相互独立的，抽取其中的一部分，不会对其他组成部分造成影响。更贴切地说，就如同石膏板吊顶一样，每块石膏板都是独立存在的，对其进行的组合能够对空间顶面进行覆盖，每块石膏板都具有稳定性，之间的联系也更加简单。

（三）面的重复与叠落

在空间视觉中通常会首先看到面，并根据面感受到空间的塑造能力；与平面图形相区别，面的编织更具有空间的构造性。当然面与面的编织也有不同，分为同种材料面的编织与排列，不同材料间面的编织与排列。因为植物编织材料最显著的特征就是其材料形态的个性，对面的编织进行组合的方式可以较为直接地将这种个性进行消解，是一种整体化的材料塑造手段，达到一种外形轮廓上的视觉统一。其外表的颜色与肌理，虽然在创新的过程中外形有一定的改变，但本质并没有变化，通过创新能够将其表现为形式更为多样，或者通过新的组合方式形成新的秩序。创新性还体现在后期对整体形象的把握，形成后的材料状态包含原始自然材料个性化的特征。重复性的组合、空间上的叠落等，将片面状材料进行组合，来探讨以面域为主界面的植物编织材料可塑性表达。

（四）不同材料的组合

这里人们所说的是指传统的植物编织纹样与平面编织形式的结合。编织纹样是按照有序的、规律的原则，搭配优美的图案、丰富的色彩，如红、白、黄、绿、蓝、棕各色相间，形成精致轻巧、做工考究、色泽艳丽、样式新颖、柔软坚韧的自然美和艺术美的工艺品。如小孩子佩戴的荷包、茶垫、果盒器物上用精美的编织纹样进行装饰，但是其整体的尺寸偏小，没有形成一种大面积的存在方式，使用功能单一化。将草编编织纹样与平面竹编相互结合，表现出一种整齐美和节奏美，通过二方连续、四方连续等重复构成装饰界面，从而产生优美的带状、面状的形式。设计时需要仔细推敲单位纹样中形象的穿插、大小错落、简繁对比、色彩呼应及连接点处的再加工等。

（五）编织材料特征的反塑性设计

人们通常运用植物编织材料只是对它形状、纹理、色彩的使用，"现象学"中也明确提出了关于还原事物本质的一种方法，运用植物编织材料时，需要通过改变原料本身的方式，使利用目的更为明确、更为纯粹。例如，通常情况下，人们倾向于把植物编织材料作为空间构成要素中的"图"，被构建的空间界面便成为"底"，传统的方法是展现为一张图，在这里，主要运用一种"反塑性"的设计手法，在空间界面中表现出材料的外部肌理、骨骼形态，只是需要抽离出材料的色彩，颠倒其使用的介质，进而达到痕迹化的效果，产生更多的"隐性"表现。

笔者对反塑性设计进行实际制作，将经过复杂编织工艺编织成型的草编材料附着于湿度较大的石膏（如图6-13），或者水泥等墙体介质中，待这些墙体介质接近完全风干、凝固后，将覆盖在其表层的草编材料慢慢与石膏介质相互分离，去除草编材料的石膏介质表面最终会呈现出一种凹凸有致的肌理效果，这些肌理就是草编材料的编织纹理（如图6-14），编织纹理在石膏介质上形成具有凹凸感的复形（如图6-15），这是草编材料的另外一种表现形式。重要的一点是，带有复形的石膏介质中没有留下草编材料的自然色彩，这是对植物编织材料特征表现手法上的一种创新。

图6-13 液态石膏

图 6-14 玉米皮编

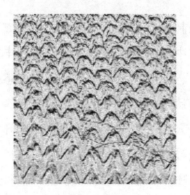

图 6-15 石膏模塑

二、植物编织材料与其他材料及方式的结合

室内空间中有多种材料能够选择，植物编织材料只是所有材料中的一种。尤其对于现代化的今天，传统的植物编织材料需要顺应时代发展的材料结合，才能顺应时代发展要求。事实上，室内空间设计中还会存在其他的人工材料和工业材料，为提高植物编织材料在设计中的价值，需要提高植物材料的延展性，使其发挥出更多可能性。当然，无论哪种材料以何种方式与其植物编织材料结合，都必须展现材料的特色和属性，如此才能够在结合的过程中实现更加精彩的形式。

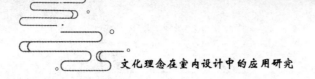

（一）乡土材料

乡土的英译意为"本地语"或"方言"。乡土建筑是社区自己建造房屋的一种传统的和自然的方式，是一种社会文化，社会与它所处地区的关系的基本表现。乡土关系着人类的情感，但在国际化的浪潮中快速消失。乡土需要保护，乡土急需传承。张琦曼老师主张乡土主义，赞同将竹、藤、草、砖、瓦、石等自然材料运用在当代的室内设计中，这里的运用并非把乡土材料的原型或者符号直接拿来，而是通过对现有材料进行重新组合、搭配，从而达到情感的寄托和时间的追忆。

1. 砖

由于砖在砖窑烧制过程中每个部位离火源距离不同，其反应程度也不同，呈现出每块砖中亚铁的含量也不同。出现丰富的颜色体系，多以青、红之分，从尺度、颜色等方面给人以亲和的感受。人们在见惯设计大胆的现代室内环境后开始冷静反思，无论是建筑还是室内设计，回味传统、亲近自然才是人们所要追寻的，设计师也开始回归理性。建筑材料作为营造空间环境最重要的一个环节，它的选择和表现是最有效、最直接的方法，让传统材料获得新生是人们应予以考虑的重点。

2. 瓦

砖、瓦等乡土材料如同植物编织材料一样，很早就出现在人们的生产生活中。砖、瓦材料承载着我国建筑文化，具有其独特的色彩、质感和稳定的物理特性，从古至今一直被运用在建筑、景观或室内设计中。

瓦作为一种建筑装饰材料，凭借质朴的外形产生古朴厚重的历史感。在中国，瓦片是重要的屋面防水材料，一般用泥土烧制，种类较多，根据形状的不同分为拱形、平形和半个圆筒形。瓦的运用，可以营造古朴的气氛，强调环境的年代性和东方性，透出文脉的气息。其多样性的装饰方式，即可用作饰面，也可用于室内半通透的隔墙，让空间变得有实有虚、富有层次感。

色彩方面，砖与瓦在色彩感知上如同植物编织材料，处于色谱中的灰色系，拥有朴素的设计效果和厚重的历史感，将同种性质的三种或多种材料组合，不易产生跳跃、杂乱之感。对于砖和瓦等乡土材料在室内设计中的运用，余平老师通过"高技乡土"技术，将当代的建筑装饰营造技术与本地地理气候、地域文化、乡土文化相结合，使室内环境物质消耗最大限度地降低，这是设计师余平先生所追求的，也是现代建筑所追求的。瓦库就有一种物质批判的设计思想渗透其中，不为装饰而装饰。室内很少有形式感的东西，空间中表现的一切都是为了凸显瓦片、砖的自然亲和力，让自然的阳光、空气成为表现的烘托载体。

3. 土

土在乡村、田间是随处可见的物质，是供给万物生长的载体，有着亘古不变的使用性。中国的土资源丰富，类型繁多，按照所含矿物质的不同及所处的地理位置不同，土质颜色也各不相同，中国各地土质颜色，按照地理位置分为五色土，分别为中黄、冬青、西白、南红、北黑。

社会的发展、人类的进步，让土不再单纯是一种仅可耕种的物质，更是一种可以直接用于建筑构造、装饰室内界面的材料，与植物编织材料一样具有造价低廉、施工简便的优越性，可以营造出陈旧、尘封、朴实、自然的感觉。在室内工程中用的最多的是砂土，铺设在室内墙面或地面，配合灯光可以营造特殊的光影效果，或者用较粗的沙粒制造肌理效果，或将砂土铺设于透明玻璃之下，既可以营造自然的环境氛围，又不影响室内环境的清洁维护。

（二）现代材料

1. 金属

金属材料是工业时代的产物，根据其纹理的不同，可以将其划分为三种类型，其一为黑金属，其二为白钢金属，其三为钢材金属。不同的金属属性也会有所差异，但它们有一个共同的特点，就是其表面光滑、冷、硬。当质朴的植物编织材料与金属相结合时，能够形成较为突出的视觉对比性，更加明显地反映出各种材料的外表特征和属性。如前文作者在对包间出入口的设计中将金属框架、玻璃和藤编材料相结合，使三种不同的材料形成材质质感的强烈对比。

2. 玻璃

玻璃是一种表面光洁，并且透光性良好的材料，其本身形态没有太多的局限性。无论是商业空间还是居住空间，都会使用玻璃作为空间装饰材料。玻璃的光泽度和时尚感能够营造出具有现代气息的高品质空间样式，在现代较为前卫的空间中，玻璃的使用也被表现到极致。人们将质朴的稻草编织缚在铝网上放入玻璃夹层里，在室内空间形成主体墙，稻草形成致密的天然纹理效果具有生命性，透明光亮的玻璃材料不仅起到束缚材料的作用，也营造了丰富的视觉效果，使植物编织材料能够符合现代工业化的发展，满足当今时尚的需求，将工业与传统工艺紧密结合，展现出空间的时尚感和优雅大气。

3. 与光的结合

自然光是人类所接触的最天然的光源，也是迄今为止人类所获得的地球天然光的唯一源头。在空间设计中借用自然光有着漫长的历史，菲利浦·约翰逊设计的悉尼歌剧院、路易斯·康设计的金贝尔美术馆、沙里宁设计的美国麻省理工学院、安藤忠雄设计的光之教堂、勒·柯布西耶设计的朗香教堂等都是充分利用材料与自然光影的特性，塑造出一个个优美生动的空间环境。对于自然光而言，其最大的特点就是照度均匀且亮度柔和，这也在一定程度上为其被人们所接受增加了可能。但是与此同时，考虑到良好的自然光线较难长时间存在于室内空间中，这也使得其控制力度较难把握。对植物编织材料的影响因素进行分析时，同人工化的材料相比，具有光影色彩的材料更能够增强视觉效果。无论是从色泽来看，还是从光照的强度来说，其表现力均更为强烈。通过这些表现，一方面室内空间的视觉变化能够更加多样化，同时其精神内涵也会更加丰富。

在空间设计上植物编织材料的设计更是如此。光可以调和材料的色彩，强化材料的肌理，增强材料的表达效果，凸显植物编织材料的魅力。在光影中植物编织材料能够透过其表面的凹凸感，进而产生光影效果，增加空间的层次感。材料由其自身特有的限定，尽量少的对材料进行人为附加的工艺进行加工，充分利用光与材料之间的联系来增强材料的质感，烘托空间的趣味性。

就整个工业革命来看，最伟大的发明莫过于人工光源，它不仅延长了人类活动的时间，也在一定程度上迎合了人类的生理需求，同时还通过控制光的方式，实现空间环境的理想化。

三、融入现代技术的创新

思想上的认识为理论的创新提供可能，因此在对植物编织材料进行集体创新的时候，最为关键的因素就是工艺技术的革新。就当今的社会发展形势而言，科学技术趋于成熟，这也在一定程度上为企业技术创新提供可行性条件。典型的技术包括，媒体技术、纳米技术等，它们极大地丰富了人们的物质世界，同时也凭借其多样化的属性、使用方式等丰富空间形式。

（一）高效率的批量化生产

植物编织工艺作为以手为核心的传统生产加工工艺，每一件编织品都融入手工艺人的智慧与情感，相较冰冷的现代工业产品，编织产品更加自然、温暖。可纯手工制作必然带来生产耗时耗力的问题，在产量、效率方面，与机械化生产的工业产品无法比拟。其一，植物编织材料产量低下，无法与市场需求相适应；其二，大量的工业产品取代传统的植物编织材料。多方面的原因共同导致植物编织材料在现代社会的衰退。因此，要改变其现状，当下的环境中植物编织材料的批量化生产成为人们必须探索的问题。

高效率的批量化生产必然需要现代科学技术的辅助，同时，现代工业设计中的一些方法，如模块化设计等，也可以为编织材料的标准化、

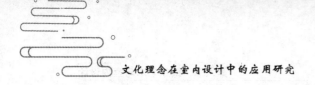

批量化生产带来指导作用。当然，限于编织工艺的特点以及当前技术发展水平，部分编织材料无法脱离手工完全依靠机器制作完成，在编织材料的批量化探索中，仍需手工制作同现代技术的共同协作，或许也是对植物编织材料中手作温情的保留。下面主要从如何简化工艺、标准化产品的角度，对植物编织材料的批量化生产展开探索。

1. 造型元素化，简化编织流程

造型元素化是以某一特定造型的单体为基本元素，这一单体如平面编织形式变化创新点中最基本、简洁的几何形体，通过对其变形或是叠加来塑造新的产品形态。此方式不仅可为植物编织材料造型带来更多的可能性，更重要的是可以使制作流程得到简化。通过第二章对传统与现代编织产品造型的分析表明，编织材料的造型始终以中心轴对称型为主，无论是平面编织还是立体编织，这样的造型特点正是源于植物编织工艺。若想加速编织材料的生产效率，简化植物编织材料的生产过程对于基本造型元素的重复运用是一种有效的解决思路。

2. 现代科技辅助，使材料形式标准化

标准化作为工业生产带来的产物已然成为现代产品设计的准则之一，是组织现代化生产的重要手段、必要条件。材料的标准化生产可以说是提升生产效率的必要条件，但提升产品生产效率的途径不只是标准化的唯一路径，还包含机器生产等工业化生产方式。植物编织作为一门以手为核心的传统手工艺，在生产效率方面是无法与现代工业产品相匹敌的，改善这一问题的途径就是借助现代化科学技术的辅助。

植物编织工艺发展至今，部分工艺流程已然可以由机器协助完成，如竹编工艺中的剖竹、劈篾、混边等，而最具开创性的还属平面竹编的机器编织，竹编机的出现大大促进并提升了平面竹编的生产效率。因此，在造型元素化的设计方法中，对平面竹编元素的合理、有效利用可以为竹编工艺流程的简化带来更有力的促进。

虽然，本节从造型元素化、简化编织流程和现代科技辅助、使材料形式标准化两个方面分开来阐述，但在实际的设计生产过程中，这两种方法之间是一种相辅相成的承接关系。这样一来可以使植物编织产品的整个设计生产流程得到适当的简化，并实现产品的标准化，而标准化的设计自然也为植物编织材料的批量化生产创造可能性。

（二）热压成型技术初探

轻薄的草编材料具有一定的弹性，在一定作用力的情况下，编织材料会随着施加的作用力产生形状上的变化。比如，人们日常生活中使用的白麻筋草席，质地精密，柔软光滑，人们可以任意对其进行折叠，折叠的过程中，编织材料会呈现拉紧状态。所以经过一定的时间段，将其展开时席子表面会有深浅各异的折痕；但是这种折痕会随着一段时间自然消失，席子表面又恢复平整状态。这个现象表明白麻筋草席材料具有一定的弹性，能够在自然的外力作用下发生变化。试想，通过与现代热压成型技术的结合，是否可以在具有弹性的编织材料上作出新的表现形式。热压成型技术是塑料加工业中简单、普遍的加工方法，主要是利用加热加工模具后，注入试料，以压力将模型固定于加热板，控制试料之熔融温度及时间，以达融化后硬化、冷却，再予以取出模型成品即可。热压过程其实就是材料状态与热压要素综合作用的结果，在进行热压工艺时，特别需要注意热压压力、热压温度和热压时间三方面，处理不当，会对植物编织材料造成损坏。由于其专业的限制，作者没有将植物编织材料与热压成型技术进行实际的操作，是否具有实现价值，需做专业性的深入研究。

四、创新性设计对植物编织材料发展的价值体现

通过对植物编织材料现状分析，本节提出合理化的创新性设计方法，创新性设计成为传统的植物编织材料演变新生的催化剂，为植物编织材料的长远发展提供更多的可能。主要从以下三方面总结创新性设计对植物编织材料发展的价值体现。

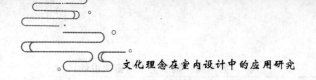

(一) 植物编织工艺的传承

传统的植物编织工艺和植物编织材料包含着中华民族特有的文化和历史，它的兴衰能够在很大程度上演绎一个民族文化的发展，同时也展现了现代文化的变迁。考虑到现代工业的冲击以及市场经济的发展，民间传统手工艺开始出现衰败。然而需要注意的是传统植物编织工艺对于民族文化而言，有着十分重要的意义，其应当也必须得到传承与发扬。

植物编织工艺作为传统的手工艺之一，在手工业时代，它是生活的创造者；在现代，它以传统文化的角色成为留住历史的一种记忆和象征。目前，中国的传统手工艺有两种存在的方式，整体的传承、传统技艺和现代工艺技术的结合，对植物编织材料的创新性设计更多的是将传统技艺与现代技术相互结合的形式，用不断发展的现代审美意识对传统编织工艺进行再创造，与现代生活环境相适应。

历经数代艺人的传承与发扬，该技术已经成为一种具有代表性的艺术形式，其实用价值、审美价值和社会价值得到人们的普遍认可。植物编织材料的形成是简单的工具与高超技艺的结合，是实用性与审美的结合，并通过编织技艺的革新，在编织结构上和制品形式上创造出许多不同类型的产品，满足了群众生产和生活需要，同时这种民间艺术形式也得到长足的发展。

(二) 顺应低碳节能的时代要求

低碳环保的环境肯定是健康舒适的，低碳生活环境建设是可持续的人居环境建设的重要内容和实践。室内设计是由各类材料的施工与组织完成的，调查研究表明，全球一半以上的碳排放量集中在与建筑相关的行业中，其中有绝大部分来源于建筑装饰材料的生产加工。处在这样的大环境下，室内设计的关键内容之一就是材料的合理性，而材料本身也正是绿色问题的重中之重。大量化工材料对人体健康存在隐患，应当避免或减少该类材料的使用。

在社会不断发展的今天，低碳节能、绿色环保已经成为这个时代的主题，路易斯·琼斯在他的著作《环境友好型设计——绿色和可持续的室内设计》这样写道，避免与室内空气质量（IAQ）相关的健康问题，可以采取六种策略避免或处理与室内空气质量相关的健康问题，其中一条就是关于使用天然材料和产品植物编织材料的运用迎合了使用天然材料和产品的策略，恰恰为顺应节能低碳的室内空间发展提供一个新途径。人们从生态循环角度和材料使用角度来分析植物编织材料运用于室内设计中在低碳节能方面的主要体现。

1. 从生态循环角度

植物的天然属性使其构成一种最天然的物质再生循环，人们将取自自然的植物材料，通过一系列加工方式制成各类室内装饰材料加以利用。而随着时间的推移，当对室内空间进行二次装修时，完好的部分还可以再利用，损毁的部分则需要进行掩埋处理，保证被处理的材料能够为自然环境所接纳，甚至为其他植物的生长提供营养。然而需要注意的是，以高科技材料作为代表的工业材料，通常情况下都不会被自然环境所吸收，对它的处理会产生出自然环境中不存在的物质，这也在一定程度上增加了对自然环境的危害。

2. 从材料使用角度

作为一种室内装饰材料，在进行原材料选择时，没有过于严格的要求，人们可以将原始自然形态下的植物材料经过简单的挑选、切割、编织等一系列加工方式，形成成品化的材料形态，成品化的材料具有使用便捷的特点，这样可以提高材料的使用率。

（三）提升植物编织材料的价值

在现代室内设计中对植物编织材料的运用，其价值体现并不是编织材料本身是否昂贵、上等，而是在使用中材料能够很好地传达设计作品的内涵。植物编织材料拥有很多类别，正是它独特的形态、色彩、肌理和质感特征，使设计师在材料选择上更加自由。如果再经过人们的处理和加工，就可以使其表现形式更加多样化，也为人们的生活环境添光加彩。

可能由于植物编织材料的易获取性，使一些人认为它与高科技材料相比价值较低。可是技艺精湛的匠人把材料内在的物质属性挖掘出来，使他们拥有更多更新的情感特征和交互体验。在营造室内空间上，植物编织材料不仅可以同现代工业化材料相媲美，而且在一定空间上还可以呈现出更高的价值。再加上植物编织材料丰富的设计内容与积极意义，与当今的奢侈品可以相提并论。高昂的价格自然也是伴随着巧妙的设计、工匠精益求精的工艺技巧以及材料传达出独特的艺术性、文化性特征。

其次，通过对植物编织材料在室内空间中不断创新性的应用，从一种极为个别性的材料运用方式，逐步拓展为普遍性的室内装饰材料，使人们对植物编织材料的理解更加全面和深入。除了采用传统的方式赋予植物编织材料更为丰富的创造力和表现形式，再加上人对物的操作，才可以使植物编织材料在室内设计上表现出更高的价值。

从室内空间的运用过程中不难看出，设计师对植物编织材料的设计开始从一种改造自然为人所用的方式渐渐变为运用自然协调设计的方式。在空间营造方面，室内设计师可以从物质层面实现对自然资源的最大化利用，还可以使加工工艺更加有目的性，这样才能够走出一条更为理想、更加长远的道路。

第七章　室内设计的文化展望

第一节　地域文化在室内设计中的应用

一、地域文化概述

(一) 地域文化的定义

根据《国际社会学百科全书》的定义，地域文化是指人类文化学学科体系范畴内的重要分支，它是指在一个大致区域范围内持续存在的文化特征。然而随着人们对地域文化研究的增多，不同的学科、不同的学派、不同的学者对"地域文化是什么"产生了不同的理解和定义。

(二) 地域文化的内容

地域文化是在一定的区域范围内经过长时间发展而积累形成的，它和其他地方的文化不同，由许多要素构成，如建筑、服饰、艺术、饮食、风俗、宗教、方言等。

1. 建筑

建筑是社会发展的产物，从人类出现开始，建筑的雏形便出现了。远古人类经历了从直立行走、钻木取火，到开始居住山洞，并使用劳动工具制作茅草屋、木屋。随着社会的发展和技术的进步，人们在建筑空间设计方面取得了显著的成就。建筑受到不同地区气候特点、天然条件、地形等的影响，形成了每个地区特有的建筑特色。比如，炎热的南方地区的建筑形象和北方是截然不同的，北方建筑的色彩大多明亮鲜艳，受气候影响，南方建筑的颜色大多暗沉。以客家民居围屋为例，这种建筑形式是根据当地的特定地理环境发展而来的，在世界上是独一无二的。由于不同地域之间的环境不同，地域之间的建筑形式也不同。

2. 服饰

我国有 56 个民族，每个民族各自的地理环境、气候、风俗、民族习惯的不同，形成了民族之间各不相同的服饰。每个民族的服饰都具有鲜明的民族特征，如阿昌族主要聚居在我国的云南省，这里地势险要，山势险恶，多山脉和河流，山地、高原盆地夹杂其中。阿昌族的服饰看起来简单、素雅，男子的上衣以蓝色、白色或者黑色为主要颜色，头戴白色头巾。未婚少女的大襟或者对襟上衣的颜色相对男子来说要丰富一些，裤子以黑色等深色为主，上衣外系围腰，头戴黑色头巾。如果遇到重大的节日，阿昌族的男子会背上一个筒帕（挎包），配上一把阿昌刀，这样看起来显得更加风流倜傥。

3. 饮食

中国幅员辽阔，由于各个民族所处的地理环境不同，他们的生活方式、气候特点、历史进程、风俗习惯不尽相同，这些不同形成了他们不同的饮食习惯，他们饮食的制作过程、烹饪方法、饮食风俗、食物来源也各具特色，从而形成了现在多种多样的饮食文化。中国各民族的饮食共同构成了完整的中国饮食史，每个民族都有着自己本民族辉煌的历史和灿烂的篇章，都对中国饮食文化贡献了自己的重要力量。例如，我国蒙古族世代居住在草原上，以蒙古包作为他们的居住空间，以畜牧业为主要生计，他们的主食是手扒肉、烤羊肉，酒类是与众不同的马奶酒。每年的夏季是酿制马奶酒的最佳时期，因为正是牛肥马壮的时候。马奶酒的制作过程是把马奶储藏在皮囊中并加以搅拌，过几天后乳脂便分离开来，这时候美酒便酿成了。随着科学技术的发展，蒙古族人民制作马奶酒的技术越来越精湛，除了经常使用的发酵法，还发明了蒸馏法。

4. 风俗

人类社会刚开始出现的时候，风俗就产生了。同时，风俗会随着社会的不断进步而更加完善。不同的国家和地区由于语言和宗教信仰的不同，会形成各不相同的习惯、信仰、生活方式，这些不同的习惯和信仰会形成不同的民俗现象。虽然某些国家和地区的政治经济比较稳定，但是在某些环境下风俗改变着人们的生活和某些社会现象。一些丰富的、完善的、经得起推敲的风俗习惯会被人们继承下去，然而一些缺陷的、不科学的风俗习惯会随着时间的流逝而被人们淘汰，这是一个常见的现象。即使现代社会中，一些民俗也是经历了非常复杂的过程而被人们继承下来。

5. 方言

作为一个地方的通用语言，地区的地理环境、生态环境、风俗习惯、人文景观等因素影响着方言。其约定俗成的语音、语义和语法结构，都反映在特定的空间结构之中，方言可以反映活跃在这一空间范围内的人们生生不息的交际活动和情感交流。方言作为语言符号，它的语法结构和基本词汇与一般的文化存在不同，所以具有相对稳定性。

（三）地域文化的特点

1. 地域性

地域性是地域文化的基本特点，人们在繁衍生息的过程中形成了各不相同的文化模式，它们占据着各自的地域范围，它们所代表的政治、经济、文化、教育、科学等方面具有自己独特的统一性特征。不同的文化都有自己的本质特征，从它的本质上来讲，都会有自己的地域性。不同地区之间因为文化形态上的不同，才使我国的文化呈现多种多样的特点。各个地方的地域文化有自己的特点，如中原文化、燕赵文化、岭南文化等。以长江下游地区为例，长江下游的人们种植水稻，以水稻作为主要的粮食作物，养蚕缫丝，生产方式细腻精密。

2. 层次性

地域文化由于自身等级和层次之间的各不相同而形成了多彩多姿的地域文化系统。把低等级的地域文化特征进行整理、概括就是高等级的地域文化特征了，所以高等级地域文化特征包含低等级地域文化特征。随着从低到高的级别变化，地域文化也随之由多到少。在我国并非只有岭南、闽台这样较大范围的地域可以体现文化的地域性，在较小范围的也可以形成独特的地域文化，如河北青龙满族自治县的秧歌拜年、踩高跷、农历四月十八的庙会等特色活动，使青龙县这种特殊的文化活动在人们心中有了独特的位置。

3. 稳定性

一个地区的文化如同一个人，是或多或少的思想方式和行为模式的统一。地域文化内涵丰富，是各种文化共同形成的地域性综合体。每个地区的地域文化特点都是相互交融、共同作用的结果。地域文化作为一种地理单元，形成了一个比较完善的系统。地域性文化的起源和传承是一个长期的积累过程，它是受传统的限制和约束的，它的发展要依靠传统，具有连续性和稳定性的特点。

4. 亲缘性

地域文化和居住地的人们有着紧密的亲缘关系。一个人的成长过程很容易受到当地地域文化的影响，当地居民和当地文化渗透，相互影响，他们审视着自己所爱家乡的地域文化，创造着自己所爱家乡的地域文化，他们的生活习惯和行为是地域文化的一部分。

5. 动态性

一个地域的人们所缔造的精神财富、认知系统、生产方式、生活习惯、物质财富和品德思想，经过了长时间的发展，最后在文化领域积淀下来，形成了地域文化，这一发展流动过程所表现的就是地域文化的动态性。一个地方的地域文化不断地向外输出，在不断传输的过程中，地域文化也在不断地改变，同时，外来文化进入本土文化，本土文化再次发生变化。由于受到扩散的影响，地域文化也可以因为本身的发展而不断改变和更新。比如，我国数千年的历史和文化随着时代的发展也在不断变化着。

二、地域文化对室内环境的影响因素

（一）自然因素

1. 地形因素

中国的地形种类多种多样，由于不同的海拔和地壳运动等因素形成了高低起伏、高山峡谷、溪流纵横的自然景观，在这些或平坦，或陡峭，或无边无际，或高山起伏的地形生活的人们，形成了各自不同的生活方式。在利用地形建造建筑方面，每个民族的人们都充分利用自己的聪明和智慧，根据不同形式的地形构建不同形式的建筑。建筑的构造、材料、风格等不同，会影响到室内环境设计，由此可见，建筑是地形条件和室内环境之间的桥梁。

2. 气候因素

气候在很大程度上决定了人们的生活方式和生活范围，所以气候的差异是形成地区差异的一个重要原因。由于要适应当地的气候，建筑形象最能体现当地的气候特点，这些建筑形象通过多年的积累才形成了现在各种各样的建筑形象。气候的不同致使地区之间的自然特征和社会特点都非常明显，不同经度、纬度、海拔、日照强度所反映的气候差别是很大的。比如，在我国的东北农村，建筑代表为红瓦房，因为要适应当

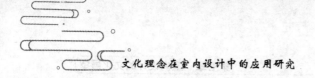

地寒冷的气候，所以这些房子都有着开阔的窗户，可以最大限度地采集阳光的照射，在江南农村，房子的窗户相对来说就小得多。建筑不同，所涉及的室内环境的构造、风格、装饰也不尽相同。

3. 景观因素

不同地区之间的生物圈形态各异，良好有序的生物圈可以维护当地的生态平衡，保护不同物种之间的和谐、繁荣和发展。植物是景观设计的一个重要元素，气候的差异性，使植物的品种和特点也不尽相同。形式丰富的植物构成了主题景观，同样构成了各种景观类型的特殊特点。比如在中国北方园林中，因为气候的原因，有春暖、夏热、秋凉、冬冷的明显的季节变化特点，这里的景观便能很好地反映春华、夏绿、秋实、冬藏不同季节不同的景观变化，形成了四季分明的景观特征。只有当地的原生植物能适应当地的生态环境，这一点在生态环境日益濒危的今天尤为重要。杰出的景观设计师要擅长挖掘美丽的植物，并将其适用于景观当中，设计师要利用丰富的植物来创造一个具有地域景观特征的设计，并把这些设计延伸到室内环境设计中，因为室外景观与室内环境是胶结不分的关系。

（二）人文因素

人与自然环境之间的关系极为密切，两者相互影响、相互制约。不同自然环境中人的语言、风俗习惯、饮食、服饰、宗教信仰等各不相同，这些综合到一起会形成多姿多彩的地域文化。不同地区的人创造了形态各异、灿烂辉煌的人类文明。比如两河文明、印度文明、玛雅文明、中华文明等，都能强烈地显现出地区之间的地域特征是各不相同的。

历史上，一些建筑形象或者室内设计因为功能性的需要，模式被固定下来，随着时间的流逝被保留下来，形成了地方特有的地域特点。比如，地中海地区，由于当地石材资源丰富，所以当地的人们利用石材建造房屋，随着历史的发展，这一模式被流传下来，从而形成了今天特有的地中海式风格。

在建筑空间和室内设计中，文化的表现始终是一个重要的课题。地域文化影响着建筑空间和室内环境，同样，建筑空间和室内环境也应该肩负着传播文化的责任。如果没有文化的支持，建筑空间和室内环境是空虚的，它们会缺乏传统文化所带来的厚重感。

三、地域文化在室内环境中的演绎风格

（一）再现地域文化风格

保留原有建筑物的主体结构，加以强化处理，然后除去零散的细节，强化地域特点，把地域性风格进行整合，这样可以突出设计的地域性特点。比如，诺维特·别诺阿旅馆和瑞士俱乐部会所，都是带有民族建筑风格和地域风格的双重特征，强调了整体形式上地域性的特点，从而忽略了传统和地方风格的部分细节。

（二）继承和发展地域文化风格

通过现代的设计语言，从传统地域文化中提取些许的符号，对这些符号进行处理，通过符号设计起到画龙点睛的作用。这些对符号的使用方式及空间的排列组合并不一定按照传统的方式，它可以是折中的，也可以是松散的。这种方式更加注重传统符号的象征性意义。比如缅甸的坎道基皇宫大旅馆，从外表来看，这座建筑是欧洲的设计风格，但是仔细研究之后会发现，这座旅馆的细节很多都是采用缅甸的传统符号设计，使这座建筑和其他的建筑区别开来，具有很强的地方风格。

（三）扩展地域文化风格

这里的扩展并不是建筑形式的扩展，而是指空间功能的扩展。随着时代的发展，越来越多的现代人要求建筑及室内设计呈现出地域文化的特征，在古今协调的基础上，人们可以适当地增加一些功能，扩展它的用途，这样可以给传统带来新的功能和使用意义，而且这种设计方式在不改变原有建筑及室内功能的前提下，是可以不断扩展使用的。例如巴厘岛的丽晶旅馆，通过反复扩展、重复等手法的运用，来强调地方文化

特色，还达到了为人类服务的功能性目的。

（四）对地域文化的再创造风格

以现代的手法对传统建筑形式进行重新解释和概括，利用现代的技术和材料进行加工和处理，结果是来源于传统却不同于传统。虽然手法和技术是现代主义的，但是又区别于现代主义，通过新的建筑形式，新的构成方式，新的高新材料，新的设计手法来重新定义和重新表达传统地域文化。

四、地域文化在室内环境中的应用原则

地域文化在室内环境中的应用，是根据设计的具体情况而定的，只要人们在设计中能确保突出地域文化特色并紧跟时代潮流，将地域文化与现代新科技、新材料以及人们生活的行为方式更好的结合，从而达到合理化、人性化、情感化的目的。设计的风格和方法可以灵活多样，但不管怎样设计，仍需要运用一定的原则作为指导，从而避免地域文化在设计中的流失或者缺乏对地域文化的创新，只有这样才能确保最终的效果。接下来，人们对地域文化在室内环境中的运用原则进行探讨和研究。

（一）以地域文化为出发点

在以地域文化为出发点的设计中，人们不仅要立足场所精神的本质内涵，而且要明确地域文化对建筑空间及室内环境所产生的巨大影响和作用。地域环境中有形态各异的要素，这些要素要和人产生联系，形成与人之间的互动关系，只有以地域文化为设计的出发点，才能使建筑空间及室内环境与人产生最佳的互动关系，达到人与室内环境的情感化目的。地域文化中有多种传统文化的优秀分子，人们应该做到"取其精华，去其糟粕"。把地域文化理论思想和实际相结合，并在实际运用中研究地域文化的形成、发展、影响以及未来的走向。

我国是一个文化遗产繁多的国家，科学技术的发展使现代生活也在不断地变化，人们不但要继承和发展这些遗产，而且要把更多的注意力

集中在这个时代的特征上。对地域文化特点在室内环境中的运用，目前我国仍处于摸索与探究阶段，设计师在室内环境中表现地域文化时，应该对地域文化进行真正意义上的理解与挖掘，按照传统地域文化的思路进行设计、阐释与再创造，把地域文化在室内环境中的运用水平提高到一个新的高度。在科学技术迅速发展的今天，人们运用传统地域文化时，不要盲目地崇拜国外设计风格，把我国的传统文化用国外的设计方式表现出来是不合理的，不要只追求表面的传承历史而丢失了传统文化的真正底蕴，只有尊重地域文化的本质，这样才能符合时代发展的要求，把地域文化传播出去，做到实际应用中的以地域文化为出发点。

（二）传统性与时代性的对立统一

场所精神的本质一方面强调时代性，另一方面注重历史痕迹。历史的经验表明，与建筑空间相联系的先进科学技术始终是归全人类共同所有，没有国界的阻碍，而建筑空间的内在精神则显示出地域性和民族性的特点，否则每个国家的建筑都千篇一律。所以人们不应该把时代性和传统性相互孤立或者相互对立，而是应该让两者共生，互补交融，只有这样才能使建筑不断前进。

唯物辩证法认为世间的一切都是变化发展的，一成不变的、静止的、固守的是不现实的。人们对待传统地域文化也是一样，对于优秀传统的部分应该进行保存并发展，在继承优秀传统的同时也要保持创新观念，肯定传统地域文化的动态性和进步性，对传统地域文化进行创新，否定对传统文化静止不变或者模仿、复制的传承方法。对地域文化进行深入挖掘，把传统地域文化与现代社会中先进的建筑设计或室内理论、材料与技术相结合，在体现传统地域文化的同时，不仅可以保持地域文化的活力，而且还可以使室内环境既具有历史厚重感又具有先进的时代感。表现传统地域文化并不一定要拘泥于传统的形式，关键在于把传统的和时代的相结合，使先进文化具有历史感。

传统历史和传统文化是相辅相成的，是人们对民族精神和生活习俗的认可。虽然按照今天的审美标准来看，中国某些传统建筑的艺术形式已经落后于时代，但是，中华民族几千年来创造了大量的物质财富和精神财富，比如建筑、服饰、饮食、艺术、宗教、语言、风俗、哲学等，这些不应该被时代所抛弃，人们不妨把它们创造性地提取并应用在室内环境设计中，而这些都将成为宝贵的文化元素。室内环境设计应该涉及对传统文化的理解和把握，运用传统的元素来反映地方特色，但是并非单一的仿照复制传统建筑外形和文化元素，应该在充分理解传统文化内涵的基础上，用新的理念和符号，从环境、装饰、材料、家具、色彩等方面进行再创造，实现文化交流与创新。传统文化在继承中创新，在创新中传承，只有这样才能为传统文化注入活力，只有这样才具有传承的价值。

几千年的中国传统文化，经过时间的考验，凝聚着世世代代的无穷智慧，是祖先精神财富的结晶。人们要挖掘传统文化的实用价值，对于弘扬中华文化，彰显我国传统地域文化有着巨大的推动作用。中国传统文化是座宝库，如果人们仔细思考，就会有所收获。人们应该从广泛的领域来搜索对人们有用的元素符号和设计方法，以更广泛的视觉来为设计服务。中国有悠久和丰富的传统文化，人们要在传统元素、艺术、诗词、戏剧中寻找设计和思想的来源，更要在吸收优秀精华的同时善于利用现代技术和艺术手段创新并继承历史文脉，只有这样才能利用传统、利用历史，为人们的设计加入新鲜的空气。

（三）实用性与精神性相结合

室内环境设计包括实用性和精神性两个方面，任何室内设计都离不开这两个方面，这两个方面是紧紧联系在一起的、不可分割的骨肉关系。在运用地域文化来对室内环境空间进行分割时，设计师首先要把握好原有建筑的基本功能和组织原则，对空间进行正确合理的分割，在实现实用功能的前提下，更要扩展精神上的价值。没有精神价值的室内环境设计是空洞的、索然无味的，是失败的，只有将实用功能和精神功能有效地结合起来，在设计时以空间分割和实用功能为基础，最大限度地追求地域文化和传统文化的表现意义和深刻内涵，运用现代化的创新手法诠释室内空间的划分和再创造，从而使实用功能和精神功能相互补充，相互结合。实用性与功能性相结合强调了人与室内环境关系的合理化，从而实现两者的情感化、人性化、归属感。比如，对于酒店设计来说，仅仅给旅客提供住宿场所的酒店设计是失败的、没有魅力的，成功的酒店设计不仅可以提供餐饮、娱乐等功能，而且应该让旅客的精神上得到满足。因此，以旅客为根本的酒店设计在实现实用功能的同时，设计师还要更多地考虑旅客的精神和情感需求。

一个舒适的室内环境不仅可以为人们提供方便、快捷、合理的实用功能，还可以通过合理的空间布局给人愉快的感觉，使人的精神性得到满足。实用性和精神性是相互影响、相互促进的。现代社会对室内环境设计质量的评价不仅是空间布局的合理化和实用功能的齐全化，也要关注对人们的心理和精神上所产生的影响，良好的室内环境应该能够使人放松身心、心情愉悦。

（四）人与自然的和谐发展

实现人与自然的和谐发展，要立足场所精神的本质，使人们对周围自然环境有一种归属感和安全感，通过合理的设计，使人们对环境产生情感化的需求。随着时代的发展，现代社会越来越注重设计的科学性，对量的需求在逐渐减少，对质的需求在逐渐增加，牺牲环境、牺牲健康、破坏和谐的设计已经被社会淘汰。室内环境设计的发展仅仅靠量的堆砌已经满足不了现代人的需求，人们对室内环境的内部布局、功能性、舒适度的需求在大幅度提高，协调室内环境与自然的关系已经成为现在设计的重点，强调空间与人、空间与环境关系的设计变得越来越重要。

在室内环境设计中，人们要把"天人合一"的传统文化作为设计的主要原则之一，将这种文化思想所提倡的"人""自然""和谐"等因素联系起来并作为设计的纽带联系设计的各个部分。从室内环境的使用功能、空间划分、装饰细节等不同的视角进行创作，产生和谐之美。这种思想运用在地域文化与现代社会之间也是一样的，二者要对立共存，相互促进。在人类的生存条件中，室内环境是最重要的，是人类存在的延伸，是联系人类之间文化的纽带。人类的设计依靠的不仅仅是物质上的设计，而且还有精神上的设计，它要与当地的历史背景、建筑风格、风土人情以及地理环境融为一体，并在当地文化中收获养分，相互补助，相互影响。在设计中做到人与自然的和谐发展，必须在尊重本地的生活习惯和风土人情的条件下，以维护地方文化的生态特色和体系结构为基础，最终实现人与环境的和谐发展。

五、地域文化在室内环境中的表现手法

（一）历史文脉表现法

历史文脉是场所精神的本质内涵之一，人们可以试着把历史文脉作为表现地域文化的方法之一。历史文脉是每个国家或者地区繁衍发展所积淀下来的产物，人们在设计中处理这些历史文脉的时候，是直接复制还是分析之后取其内涵，是"拿来主义"还是取其精华，是用现代的方式诠释还是保留原样，每个人都有自己独特的见解。历史文脉的形成过程是漫长的，同样，设计的过程也是漫长的，在这个过程中可以对空间的尺度、结构划分、色彩、陈设等进行深入的思考和感悟。对于这些历史文脉的处理，有如下两种方式。

一是空间的时间化，是对历史文脉进行有选择的复古和加以组合的复古，在历史文脉中提取有用的元素来为人们的设计服务。例如，在现代设计中加入传统的元素或者加入传统风格的饰品、装饰、家具摆设等来体现人文精神。二是时间的空间化，一般采用复兴人类传统文化的设计方式。在历史的长河中，人们的历史文脉是通过人的记忆进行排列组合的，在同一空间中把不同时期的历史文脉陈列出来，但是应该如何展现在人们的眼前呢？这就需要找到连接各个时期的连接点，因此这里所

说的是复兴而不是复古，复兴是把历史元素在历史文脉中有选择性的筛选之后直接运用到设计中去，而复古是对所有的人类文化遗产进行加工整理，以一种新的排列组合方式呈现出来，它的特点是独特的和无可比拟的，这样的设计是追求不同时期的历史文脉之间的差异性，而不是追求它们之间的统一。无论是时间的空间化还是空间的时间化的处理方式，都是把历史文脉同时代性结合起来，呈现意想不到的效果。随着人们生活水平的大幅度提高，对室内环境的要求也随之提高，舒适的室内环境不仅为人们提供了良好的氛围，更为人们提供了精神上的享受和美的享受。

（二）主题形式表现法

主题，原来是文学和艺术作品的概念，被借用到室内设计的概念创作中，其含义没有改变，只有内容涉及许多变化，主题在室内设计中深刻地体现了设计者的精神内涵，反映了文化的重要影响和象征意义。室内设计是一个创造性的主题，指的是包含在意识形态内的室内环境设计，有洒脱、奔放、丰满、微妙的特性。一个新的室内设计作品，观众可能会觉得很新鲜，很漂亮。在主观方面，它可能是一个想法，一种魅力，一种美的发现，或是一个丰富多彩的生活感想；在客观方面，它通常源于生活，但是又高于生活，是生活的缩影。

在对主题创意确立后，如何正确选取有效的室内设计手法，就成为当前主题表达的关键性因素，在设计主题的空间营造上，可以用陈设、色彩、材料、照明等多方面的因素表达主题，而在空间的形态表述上，可以依据主题形式加以创新，并采用和主题内涵相适应的材质，灵活地设计各种空间布局。在此过程中，对各个元素进行统一和整合，才能显得更加协调。

在空间形态上对空间组合，形式上要遵循以人为本的原则，进而能够满足主题环境功能的需求，同时能够结合具体的主题定位，利用空间的形态给人一种心理上的暗示，只有这样才能更好地表现主题环境。人们都知道，空间环境的不同可以使人在心理和生理上产生不同的变化，而且不同的空间主题能给人带来不同的感觉。比如，在运用照明表现主题的时候，可以在灯光设计上营造室内环境的氛围，因为光不仅仅可以显示空间层次，而且可以通过光的作用带来全新的感受，从而影响到整体环境的艺术效果，恰到好处地处理各种灯光色彩和层次形状，创造出多姿多彩的主题氛围。在运用色彩表现主题的时候，设计师必须灵活地运用人的生理和心理效应。一般来说，不同的色彩可以围绕不同的空间主题展开。例如，红色可以代表热情，紫色可以代表高贵和冰冷，只有设计师充分利用主题立意来选择色彩，才能在主题空间的表现上发挥至关重要的作用。在室内环境设计中，主题场景设计是经常用到的方法。

1. 运用陈设设计表现主题

室内陈设主要由两种陈设组成，即装饰性陈设和功能性陈设。装饰性陈设指的是具有装饰性和观赏性的陈设，如雕塑、字画、工艺品、纪念品和植物等。功能性陈设指的是具有一定的实用价值并兼具观赏功能的陈设，如家具、灯具、器皿等。在室内环境中，陈设品不仅可以起到烘托气氛的作用，还可以加强内部空间的风格特征。在室内环境中，陈设品的特点是最能体现地域文化氛围的因素。陈设品除了能给人视觉功能和实用功能，还能很好地表现不同地区之间人的行为方式和地域文化的差异性，是室内设计中不可忽视的元素。不同地区的气候、地理环境、文化、传统习俗等的不同导致地域的陈设品和家具的造型、颜色、都不尽相同。比如，我国北方地区的室内陈设和家具色彩明亮、颜色艳丽，南方地区的室内陈设品和家具颜色低沉。陈设品可以点缀整个室内空间的画面，是营造室内空间氛围不可或缺的一部分，在美化空间的同时，还可以对地域文化内涵进行展示。

室内环境的风格有很多种，不同的室内环境风格中的陈设品都有特定的形状、颜色、图案和纹理特点。陈设艺术不仅能反映一个民族的风格特点，还可以陶冶人们的情操。我国有 56 个民族，每个民族都有各自的传统文化和艺术特点，其心理特点、风俗习惯、服饰、饮食、爱好也不尽相同，在室内环境中，陈设品应该被给予重视。比如，彝族把老虎看作腾飞的象征，崇拜火，傣族信仰孔雀等。在这些民族的室内陈设中，会摆放他们心中所尊崇的形象。陈设品具有一定的文化内涵，令人感到心旷神怡、陶醉其中，陈设品的风格特点是优雅的、美丽的。这些陈设品已超出自己的外在价值，给室内空间设计注入新的精神文化内涵。

2. 运用色彩特点表现主题

在人们的身体感觉器官中，视觉是最主要的器官之一。人的眼睛只有通过光的效应才可以获得彩色图像。色彩可以唤起人的第一视觉效果，是渲染室内环境氛围的重要因素之一，对室内环境的舒适度、气氛的营造、人们身体和精神都有非常大的影响。不同的国家和地区有各自的传统色彩和地方色彩，都是在不同的地理环境、自然环境、气候特点、传统风俗等影响下形成的。例如，在我国，红色是吉祥、喜庆、如意的象征，结婚的时候室内要布置大红色来庆祝，春节时候贴的对联是红色，财神像也是红色。

传统色彩的形成有以下三个方面：一是一个国家或地区的历史传统文化不同，导致历史遗存观念不同，如黄色在中国代表着高贵和热情，但是在巴西表示绝望；二是一个国家或地区的建筑、服饰、自然、植被等日常常见的色彩；三是一个国家或地区特有的色彩感觉和色彩心理。颜色对于每个人的心理影响是各不相同的，不同的国家和地区都会受到信仰和传统的影响，由于东方和西方之间存在文化差异，导致东西方产生了不同的色彩文化特征。人们要根据地方或者民族的文化差异来判断他们的色彩喜好，了解色彩的象征意义，明确色彩的地域性特征，只有这样才能唤起人们情感上的共鸣。在室内环境中，色彩作为最重要的视觉符号，其意义和作用是不可估量的，在室内环境中来体现地域性，会起到举足轻重的作用。

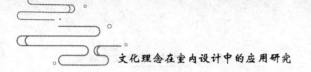

3. 运用材料特点表现主题

室内环境设计是由室内结构、空间和材料三者组成的一种艺术综合体。对于表现室内主题特点来说，材料的运用又是一个切入点，装饰材料占据着至关重要的地位。装饰材料所产生的视觉感知与美感是从多方面反映来的，包括装饰材料本身所拥有的特征、质感、纹理和颜色，为人们表达设计理念、审美情趣提供了大量的设计词汇。人们应该推崇材料本身具有的特性，然后通过与一定的环境相呼应，对材料进行巧妙的选择、排列和改造，以此来创造独特的室内环境，并且通过室内环境来表达特定的主题氛围。

具有地域文化特点的材料能够体现出一个国家或者地区的特殊文化底蕴和文化内涵，具有实用功能和观赏功能。例如，希腊神庙和中国的木质庙宇，同样都是纪念性的建筑，但给人的感觉是完全不一样的，因为它们所使用的材料不同，不同的材料带给它们不同的效果。北方的四合院、陕西的窑洞、云南的竹屋，不同的地域材料给人们不同的直观感受。全球化的发展使地球变成了地球村，但是地域材料的使用，使不同的国家和地区散发着自己独特的美丽。

4. 运用照明特点表现主题

立足于照明设计的室内环境空间，具有统一传统艺术和时代性的作用，照明设计具有地域文化的指示性与象征性特点。照明设计要立足于室内环境的需要，根据具体环境的不同需求来选择灯具的造型并进行排列组合。照明对室内环境的文化氛围起着点缀的作用，它不仅可以渲染室内环境的艺术效果，还可以使室内整体环境相协调。光的照射会产生美轮美奂的光影变化，不仅可以为不同主题的室内环境起着画龙点睛的作用，而且还可以提高人们对室内环境的艺术审美，同时亮丽的灯光让人眼前一亮，对人的心理也有着重要的影响，留下了深刻的印象。利用灯光环境的设计手法，使地域文化的氛围可以更好地融入室内环境中来，从而展现室内主题。

光有自然光和人造光两种，以地域文化为主题的室内环境中，根据不同的需求来处理自然光和人造光的关系，针对不同的需求对光线进行设计与控制。下面就室内照明和室外光线具体阐述运用照明特点表现主题环境。

（1）室内照明

在室内环境设计中，光不仅可以烘托室内的地域文化气氛，还可以在室内的重点空间进行重点衬托。优秀的室内照明环境可以让室内环境有质的提升，灯具的颜色、形状、大小、风格、光的强弱甚至摆放不同的位置，都可以营造出不同的地域文化氛围。不同的光可以给人不同的感受。例如，暖光会使人感到温馨，在居住空间内，客厅和卧室都比较适宜暖光源，冷光会让人感到冷静。对室内进行照明设计时，为了凸显地域文化，要把传统性与时代性相结合，提高地域文化的内涵，通过照明使地域文化与室内环境融为一体，达到设计的最终效果，同时，可以给人留下深刻的印象。

（2）室外光线

光线与人类的视觉关系紧密，人的最基本感受来自优雅的、生动的、可感知的对象，而这些对象都要依靠于光线。光线不仅可以给人们提供基本的视觉感知，而且还具有调节人们的情感、启发人们思维的作用，让人们在精神上取得更多的乐趣。光，让人们可以感觉到美好的世界和缤纷的大自然，光线是建筑空间和室内环境的精神支柱，不仅可以直接参与造型、艺术设计、图像重建等设计创作过程，而且可以创造多种多样的气氛。现代社会的建筑都是框架结构，大面积的落地窗将自然光投入室内空间，使室内空间显得开阔明亮，人们要根据需要来设计落地窗的位置，使室内的各种元素与自然景观、室外造景形成美好的衬托关系。对自然光的合理利用，可以营造出室内变幻莫测、美妙美幻的气氛。

（三）空间情景（符号）表现法

近些年来，在室内环境中使用空间情景的设计方法受到了人们的欢迎，这种设计方法是为了追寻一种心中理想的环境，而把真实的环境运用到室内设计中来，这样做是为了表达某种艺术理想。但是在进行设计时，这种真实环境不可能照搬到室内环境中来，不可能把山石、树木搬到室内。真实环境指的是艺术的真实，但是仍然采用典型的符号处理方法，这是一种富有想象力和创造性的创作手法，并且有极强的视觉和艺术效果。对于室内设计来说，因为每个空间的属性不一样，所以对符号的诠释和使用手法也不同。有时虽然感觉符号的存在，但是看不到具体运用在哪里，这并不是表示该空间和符号没有关系，而是符号以一种隐喻的表达方法表现在室内环境中，事实上，符号是处处存在的。符号有以下三种表现方式。

一是对符号的直接运用。在设计中直接采用符号的形式，具有地域特点、民族特点和传统特点的符号经过提炼后直接运用到设计中来。这里的符号指的是特定的图形或者实物，如室内陈设品、家具、装饰等。

二是符号的象征性运用。这种方式中符号往往被赋予某些特定含义的物体或者几何符号，在室内环境中经常起着衬托或者象征的作用。

三是符号的隐含性运用。并不是所有的符号在设计中都是显而易见的，有的符号会以隐含的方式出现，换言之，它可以是一种生活方式、一种思想观念、一种艺术文化、一种情感、一种观念立场，把这些进行归纳总结然后通过有形的实物或者载体表现出来。例如，人们平时到处可见的雕塑，就是运用符号的隐含性来表达传统文化。

第二节　室内设计中文化元素的合理利用与展望

中国在悠久的历史长河中形成了光辉灿烂的民族文化与艺术精神。但是，在所谓现代文化趋同和传统文化危机论的全球化大背景下，许多现代室内设计往往在叛逆中遗失了传统文化的精髓。事实上，现代室内设计离不开中国传统文化，它需要与传统的文化相融合，并对传统文化进行创新。现代室内设计的实践证明，室内设计只有向传统文化汲取营养，扎根于本民族肥沃的土壤，在世界范围内才能拥有显赫的地位与价值。

那么，如何看待现代室内设计与中国传统文化之间的关系就成为发展现代室内设计和弘扬中国传统文化精髓的一个十分重要的问题。

一、现代室内设计与传统文化元素的融合

（一）传统文化元素是现代室内设计的源泉和动力

人类以前的社会实践活动所创造的一切文明成果，都可以看作传统文化；今天人类社会实践活动所创造的文明成果，对于明天而言，也是传统文化。所以，提到传统文化，人们不能仅仅联想到落后。传统文化可以说是一脉相承的器物和习惯。站在历史的角度，传统文化即一些物质与精神的积淀。任何一种文化一旦产生之后，便具有很强的生命力。正是因为有了传统文化的根基，才使现代艺术设计拥有了无限魅力。

当北京人民大会堂国宴厅的改造装修终于竣工的那一刻，全世界的目光都聚向了中国，这无疑是设计界的一大盛事，这件设计作品的问世牵动着全国、全世界无数人的心。但是，人们应当认识到，当全新的北京人民大会堂国宴厅形象揭晓的时候，真正牵动中国人乃至世界人的不是展现在人们面前的设计作品的现代感，相反，恰恰是其中包含着的中

华民族传统文化的元素，使得人们感受到了那种强烈的文化归属感，也让人们更深地体会到了中华民族5000年文化的丰富积淀。它采用了许多中国民间的艺术语言，如从中可以找到具有传统中式建筑特点的柱础、柱头、藻井和花饰线脚等，还以牡丹、凤凰等具有中华民族传统象征意义的动植物为母题，将现代电脑的表现手法、西方现代的造型和中国传统的技法进行了结合。这一室内设计可以说是中国室内设计界的一个典型案例。

中国的仰韶文化距今已有5000～7000年的历史了，其彩陶图案丰富多彩，有鱼纹、鸟纹和蛙纹等多种逼真的动物形态，但是我们永远不能说它落后。因此，人们完全可以说，中国传统文化元素给予了现代室内设计强大的生命力。

（二）现代室内设计理念是传统文化元素的延伸

室内设计从某种意义上讲也是一种文化行为。中国传统文化和现代室内设计文化作为文化而言，都是动态的文化体系。一方面，中国传统文化不是一成不变的，它随着物质和精神文化的变化而变化，从而不断地为现代室内设计提供丰富的养料。另一方面，现代室内设计是基于中国文化背景、图腾文化的，有着鲜明的艺术特色的再创造。因此，现代室内设计理念不是一蹴而就的，不是独立于中国传统文化元素的，相反，它是在中国传统文化元素的基础上形成的，包含了传统文化元素。从这个意义上讲，现代室内设计理念是对传统文化元素的传承，是传统文化元素的延伸。

二、现代室内设计对传统文化元素的创新

（一）传统文化元素是现代室内设计创新的重要因素

首先，传统文化可以赋予一个简单的造型以深远的意义和内涵，使之摆脱生硬和肤浅的印象。可以说，赋予一个简单的造型以深远的意义和内涵，使之摆脱生硬和肤浅，这恰恰是设计者在不懈追求的一种境界。

当人们远离传统文化时，人们的室内设计到底还能以什么为支撑呢？外国的学者之所以对人们自己常常忽略的传统文化与艺术如此流连忘返，都与人们对传统文化的依赖有关。所以，人们应该在历史与今天、传统与现代之间，寻求设计与传统文化间与生俱来的联系。

其次，现代室内设计尽管是在创造新的生活方式，但是，设计并不是完全地凭空创造。事实上，任何创造都是在传统的基础上进行创造。因此，现代设计无非就是在把人们的精神追求在造物中加以体现，把人们对物质的追求体现为富有文化艺术气息和理性意味的独特形式。文化是人类社会历史实践过程中所创造的物质文明与精神文明的总和，具有不可逆的传承性。虽然一代又一代的艺术家与设计师，总是企图摆脱传统文化，创造属于他们自己的艺术里程碑，但传统文化还是如影随形，随处可见。因此，人们可以说，任何传统文化，通过艺术与科技，或者直接，或者间接，都对现代室内设计产生着巨大影响。

（二）现代室内设计是对传统文化元素的扬弃与创新

人们今天所说的现代室内设计，主要是起源于西方二十世纪六七十年代之后的"现代主义建筑运动"。在当时，社会正处于大变革、大分化、大改组的背景之下，而这恰恰直接促进了全新的艺术风格和全新的设计方法的产生。例如，荷兰的风格派、俄罗斯的构成派、意大利的未来派等，各种艺术流派不断涌现。在这一现代主义艺术与设计运动中，恰好体现出了对传统文化的回顾和赞扬。比如说，德国的弗兰兹·萨雷斯·玛雅在他的《装饰艺术手册》中，在对装饰进行分类时，就十分强烈地表现出了他对历史主义和传统文化及艺术的偏爱。由此可以看出，即使是最前卫的艺术家和设计师，也不否认传统文化元素对于现代室内设计的重要性，他们将传统文化元素看作是现代室内设计中必不可少的因素。正是传统文化元素，给人们带来了古埃及、古希腊、罗马、中世纪、文艺复兴、王权中心时代的文化与艺术信息。显然，它们不仅为人们提供了直接的设计资料，而且可以激发人们的创造灵感。

　　另外，真正对人们今天的设计文化产生巨大影响的，当属德国的包豪斯。包豪斯对现代设计影响之深远，远远超出了它的国界——从德国走向欧洲，从欧洲走向世界。英国人弗兰克·惠特福德在包豪斯的故事发生 72 年后，在他的《包豪斯》一书的前言里就写道："很显然，包豪斯的影响至今依然存在。设计人们生活环境的那些人，还是继续从包豪斯的作品当中汲取着灵感。而在遍布世界各地的许多艺术院校里，包豪斯的艺术教育方法依然普遍地影响着它们现在的教学。"事实上，人们对包豪斯的眷恋，就已经无可辩驳地证明了一点——进入信息时代的人们，不仅丝毫没有把传统文化元素抛弃，而且还到传统文化元素中找寻能够激发或者指导人们现代室内设计活动的东西。由此可见，受着现代设计艺术与现代科技双重制约的现代室内设计，无论怎样的发展，都无法脱离传统文化对它的深刻影响。也就是说，具有民族性、地域性、社会性和历史性的传统文化，不但每时每刻影响着现代艺术运动，而且也直接影响着现代室内设计运动。在世界的时尚之都巴黎，漫步著名的香榭丽舍大道。你可以非常明显地感受到古典与现代、豪华与气派、高雅与华美、显贵与朴实、喧嚣与幽静、人文与自然完美结合的魅力。"香榭丽舍"，即"乐园"的意思，是从上古时的爱琴文明引申出来的，曾经为爱琴文明作出过贡献，创造了克里特文化的克里特岛人，把自己的生命视作一次快乐的机会，把埋葬自己的墓地或死亡时举行的超生仪式叫作"香榭丽舍"。巴黎人直接把它当作自己城市的街名，本身就是对传统文化的传承。作为四大文明古国之一的中国，5000 年的文化源远流长，像永远发掘不完的宝藏。永远保持自己的独特风格是个人的魅力所在，更是设计的魅力所在。只有植根于属于自己的传统文化之上，才能在真正意义上区别于他人，延伸室内设计的魅力。

参考文献

[1]　袁莎莎.传统文化元素在现代室内设计中的有效运用 [J].文化产业，
　　　2022（30）：160-162.

[2]　徐照.论室内设计对传统文化的继承与发扬 [J].陶瓷，2022（9）：
　　　132-134.

[3]　张婉璐，司冬利.中国传统文化在现代室内设计中的应用研究 [J].文
　　　化产业，2022（6）：76-78.

[4]　何方园.传统文化符号在现代室内设计中的应用探析 [J].济源职业技
　　　术学院学报，2021，20（4）：32-36.

[5]　陈培勇.漆画艺术品在现代室内空间装饰中的应用 [J].黑河学院学报，
　　　2021，12（10）：144-145，152.

[6]　丁以涵.试论漆艺与室内空间的进一步融合 [J].艺术生活（福州大学
　　　厦门工艺美术学院学报），2016（1）：28-31.

[7]　金群波.陶瓷艺术在建筑室内设计中的创新应用 [J].建筑科学，
　　　2022，38（11）：183-184.

[8]　涂淑珍.陶瓷装饰在室内设计中运用的新趋势研究 [J].佛山陶瓷，
　　　2022，32（4）：33-35.

[9]　张培.传统木雕艺术在现代室内设计中的应用研究 [J].鞋类工艺与设
　　　计，2022，2（6）：129-131.

[10]　余剑峰，魏雨佳.浅谈陈设陶瓷艺术在室内软装设计中的应用 [J].大

众文艺，2022（6）：40–42.

[11]　王曦翎.浅析木质中式家具在室内设计中的应用[J].居舍，2021（29）：23–24.

[12]　姜鹏，王秀秀.木文化在现代建筑空间设计中的语意表达[J].建筑与文化，2021（7）：215–216.

[13]　刘炫.木文化在室内环境中的应用[J].西部皮革，2021，43（10）：147–148.

[14]　罗诗雨.中国传统雕花在别墅空间中的运用[J].大众文艺，2019（23）：136–137.

[15]　刘斌.传统建筑中装饰木构件在室内设计中的运用研究[J].才智，2018（22）：205.

[16]　高云荣，屠君.木文化在现代室内环境中的技术化应用探索[J].家具与室内装饰，2015（4）：58–59.

[17]　谷梦恩.木朴温韧——室内空间陈设中的"木性"材质研究[D].长沙：湖南师范大学，2021.

[18]　陈福兰.中国传统雕花纹样在室内设计中的运用[D].青岛：青岛大学，2017.

[19]　甘静宜.陶瓷装饰元素在酒店室内陈设设计中的应用研究——以景德镇溪间堂为例[D].桂林：广西师范大学，2017.

[20]　李红叶.镂空木雕的艺术特征在现代室内装饰设计中的应用与研究[D].西安：西安工程大学，2016.

[21]　李悦.陶瓷艺术在新中式室内空间的应用研究[D].北京：中国艺术研究院，2016.

[22]　谭秋华.浅析中国传统文化在现代室内设计中的传承[D].南京：南京师范大学，2014.

[23] 邓莉丽.扬州传统漆艺在现代室内陈设设计中的应用研究 [D].苏州：苏州大学，2008.

[24] 凤婧婧.芜湖堆漆画在现代室内设计中的应用研究 [D].芜湖：安徽工程大学，2016.

[25] 陈茜.传统漆艺及其在室内设计中的应用研究 [D].福州：福建师范大学，2016.

[26] 吕冰.现代陶瓷灯具在家居室内陈设设计中的应用研究 [D].长沙：中南林业科技大学，2014.

[27] 李翔宇.中国传统木雕艺术在室内设计中的应用研究 [D].长沙：中南林业科技大学，2012.

[28] 薛拥军.广式木雕艺术及其在建筑和室内装饰中的应用研究 [D].南京：南京林业大学，2012.

[29] 杜文超.传统木雕文化艺术研究及其在室内设计的应用 [D].南京：南京林业大学，2008.

[30] 谷彦彬，李亚平.现代室内设计表现 [M].呼和浩特：内蒙古大学出版社，1999.

[31] 成涛.现代室内设计与实务 [M].广州：广东科技出版社，1997.

[32] 孔键，范业闻.现代室内设计创作视野 [M].上海：同济大学出版社，2009.